Ирина Сташкевич

Латерализованный пищедобывательный навык у крыс-правшей и левшей

Ирина Сташкевич

Латерализованный пищедобывательный навык у крыс-правшей и левшей

LAP LAMBERT Academic Publishing

Impressum / **Выходные данные**

Bibliografische Information der Deutschen Nationalbibliothek: Die Deutsche Nationalbibliothek verzeichnet diese Publikation in der Deutschen Nationalbibliografie; detaillierte bibliografische Daten sind im Internet über http://dnb.d-nb.de abrufbar.

Библиографическая информация, изданная Немецкой Национальной Библиотекой. Немецкая Национальная Библиотека включает данную публикацию в Немецкий Книжный Каталог; с подробными библиографическими данными можно ознакомиться в Интернете по адресу http://dnb.d-nb.de.

Coverbild / Изображение на обложке предоставлено: www.ingimage.com

Verlag / Издатель:
LAP LAMBERT Academic Publishing
ist ein Imprint der / является торговой маркой
OmniScriptum GmbH & Co. KG
Heinrich-Böcking-Str. 6-8, 66121 Saarbrücken, Deutschland / Германия
Email / электронная почта: info@lap-publishing.com

Herstellung: siehe letzte Seite /
Напечатано: см. последнюю страницу
ISBN: 978-3-659-48863-4

Содержание

Введение

Накопленные данные свидетельствуют о том, что мозг грызунов, также как и других животных, анатомически, нейрохимически и функционально латерализован. Одним из важнейших принципов его функционирования является латеральная специализация больших полушарий – симметричные образования правого и левого полушарий мозга выполняют не только общие, но и свои специфические функции (см. обзоры Бианки, 1985,1989; Абрамов, Абрамова, 1996; Леутин, Николаева, 2005; Рябинская Е.А., Валуйская Т.С. 1983; Glick, Shapiro, 1985; Carlson, Glick, 1989; Denenberg, 1981; Denenberg, Yutzey, 1985).

Одним из проявлений функциональной асимметрии мозга крыс является моторная (двигательная) асимметрия - предпочтение правой или левой стороны при локомоции, плавании, выборе рычага, различное направление вращательных движений и, наконец, предпочтительное использование правой или левой конечности (так называемая «рукость») при выполнении манипуляционных двигательных навыков. Предпочтительное использование одной из передних конечностей у крыс, наиболее убедительно проявляется при выработке у них односторонней пищедобывательной реакции. Однако, возникающие при исследовании «рукости» у крыс основные вопросы, остаются недостаточно изученными – какова природа двигательного предпочтения конечности, имеет ли место различный вклад правого и левого полушария мозга в организацию и реализацию предпочтения и, если имеет, то в чем заключаются эти различия. Одним из подходов к решению этих вопросов может служить сравнительное изучение особенностей (сходства или различия) формирования и реализации латерализованного моторного навыка у крыс с разным двигательным предпочтением – правшами (доминирующее левое полушарие) и левшами (доминирующее правое полушарие).

3

Адекватной экспериментальной моделью, которая наиболее четко выявляет «рукость» у крыс, является классическая модель (использование узкой горизонтальной трубки-кормушки), предложенная Петерсоном еще в 1942 году (Peterson, 1942). Несмотря на различные дальнейшие методические усовершенствования кормушек в плане оснащения их разного рода регистрирующими устройствами, суть этой модели осталась прежней. Крысы, чтобы достать корм из узкой горизонтальной трубки – кормушки, вынуждены использовать одну конечность. Однако, в условиях свободного выбора конечности, одни крысы предпочитают правую лапу, а другие - левую.

Глава 1.
Формирование латерализованного навыка и обучение.

Экспериментальные данные, полученные рядом авторов (Бианки, 1985; Микляева, Иоффе, Куликов, 1989; Спрингер, Дейч,1983; Collins, 1991; Wentworth, 1942;) позволили предположить, что индивидуальные различия в предпочтении конечности у крыс при формировании латерализованного навыка обусловлены взаимодействием исходно существующей моторной асимметрии и различных условий внешней среды, в том числе и обучения. Однако вопросы, касающиеся роли каждого из этих факторов и характера их взаимодействия при формировании двигательного предпочтения у крыс, остаются нерешенными. Прежде всего, неясно, в какой степени исходная моторная асимметрия, существующая до процедуры обучения, определяет характер реального право- или левостороннего двигательного предпочтения, сложившегося в ходе обучения манипуляционному навыку.

Сравнительное изучение формирования и реализации право – и левостороннего навыков у крыс требует, прежде всего, надежного разделения животных на правшей и левшей, а результаты этого разделения в значительной степени могут зависеть от метода их оценки. Исследования, проведенные нами ранее (Сташкевич, Воробьева, 1997) показали, что направление и степень латерализации, сформированной в процессе обучения не всегда совпадает с исходным предпочтением конечности, определенным предварительным тестированием. Кроме того, сравнение только начального и конечного результатов тренировки не отражает динамики процесса формирования навыка в процессе обучения. Учитывая эти моменты, в продолжение начатых ранее исследований, был проведен подробный анализ характера и степени двигательного предпочтения на последовательных этапах обучения право- и левостороннему навыку.

Правила работы с животными и протоколы экспериментов утверждены этической комиссией Института высшей нервной деятельности и нейрофизиологии РАН. Соблюдение этих правил относится к проведению всех дальнейших экспериментов.

Исследования проводили на 69 крысах линии Вистар обоего пола в возрасте 1,5-2 мес. (масса 250-300г.). После 48-часовой пищевой депривации крыс поодиночке помещали в экспериментальную камеру. После привыкания к окружающей обстановке им предоставлялась возможность сначала брать пищу (семена подсолнуха) с пола, а затем доставать семечко только из узкой горизонтальной трубки-кормушки, снабженной подвижным стержнем. Кормушка открывалась после нажатия крысой носом передней панели стержня, а после каждого взятия семечка, вручную закрывалась и пополнялась заново. С 1-го дня тренировки и во все последующие экспериментальные дни вели визуальное наблюдение за каждой попыткой достать семечко и отмечали при этом, какой лапой осуществлялся его захват и вытаскивание из кормушки. Каждая крыса выполняла в день по 50 проб; тренировка продолжалась 6 экспериментальных дней. Таким образом, каждое животное в процессе обучения выполняло 300 взятий пищи. Характер и степень предпочтения конечности для каждой крысы оценивались в каждых последовательных 10 пробах. Для оценки этих показателей служил коэффициент асимметрии ($К_{ас}$), вычисляемый по формуле:

$$K_{ac} = \frac{\text{П-Л}}{\text{П+Л}}$$

, где П- число взятий правой лапой, Л- левой. При использовании K_{ac} в качестве показателя латерализации, его значение позволяет определить как направление латерализации (положительные значения K_{ac} указывают на отклонения в сторону использования правой лапы, отрицательные - в сторону левой), так   и ее степень. В соответствии с   литературными   данными (Микляева, Куликов, Иоффе,1988; Сташкевич, Воробьева,1997; Collins,1991; Signore et al.,1991), было принято, что значения $0.4 < K_{ac} \leq 1$ соответствуют преимущественному использованию правой лапы, значения $-1 \leq K_{ac} < -0.4$ - преимущественному использованию левой,   при этом $K_{ac} = 1$ означает абсолютное   доминирование правой лапы, а $K_{ac} = -1$ - абсолютное доминирование левой. Значения $-0.4 \leq K_{ac} \leq 0.4$ свидетельствуют об отсутствии выраженного предпочтения какой-либо одной конечности (K_{ac} равный ± 0.4 соответствует использованию данной конечности для захвата и вытаскивания семени в 70% предъявленных проб). После определения направления и степени латерализации для каждого животного, вычислялось количество крыс с выраженным предпочтением той или другой конечности на каждом последовательном этапе обучения.

Для   оценки   этих   соотношений использовался критерий Стьюдента (значимыми считались отличия с вероятностью ошибки $p \leq 0.05$). Для сравнительного анализа процесса формирования латерализованного навыка у крыс - правшей и левшей   использовались результаты   частотного распределения текущих значений K_{ac} на последовательных стадиях обучения. Различия оценивались по двухвыборочному   критерию Колмогорова - Смирнова.

Из 69 крыс, участвовавших в эксперименте, 8 животных,   независимо от степени начального предпочтения, определенного по первым 10 пробам, в процессе дальнейшего обучения   (300 проб) не обнаружили устойчивого предпочтения какой-либо одной лапы.

Эти животные, составляющие 12% от исследуемой популяции, были выделены в отдельную подгруппу и будут рассмотрены ниже.

61 крыса (88 %) демонстрировали в конечном итоге выраженное и стойкое предпочтение одной из конечностей ([K_{ac}] > 0.4), однако количественное соотношение крыс с доминированием правой или левой лапы на разных стадиях обучения менялось.

На рисунке 1,I представлена динамика этого процесса в ходе выполнения 150 проб, поскольку дальнейшая тренировка этих животных уже не оказывала заметного влияния ни на направление, ни на степень предпочтения.

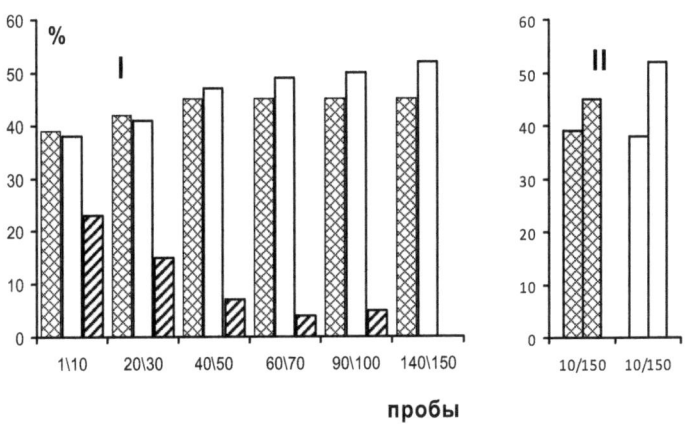

Рис. 1. Соотношение крыс, предпочитающих правую (белые столбики) или левую (клетчатая штриховка) лапу, и крыс с отсутствием предпочтения (полосатая штриховка) в группе животных сформировавших манипуляционный навык в процессе тренировки. По оси абсцисс - блоки по 10 проб; по оси ординат - % животных в соответствующих группах.

В первых 10 пробах процент крыс с выраженным лево - (K_{ac} от -1 до -0.6) и правосторонним (K_{ac} от 1 до 0.6) предпочтением конечности практически совпадает (39% и 38% , соответственно). Однако 23% крыс при первоначальном тестировании амбилатеральны (-0.4 ≤ K_{ac} ≤ 0.4) . В ходе дальнейшей тренировки количество амбилатеральных животных последовательно уменьшается и, соответственно, увеличивается число крыс с выраженным как лево - так и правосторонним предпочтением. При этом обращает на себя внимание, что количество животных с выраженным левосторонним предпочтением после 50 сочетаний уже не увеличивается, тогда, как число животных с правосторонним предпочтением продолжает расти, достигая своего максимума только к 100-150 сочетаниям. При этом заметно, что к этому моменту обучения, когда характер предпочтения уже достаточно стабилен, наблюдается некоторое превышение количества правшей над левшами за счет более высокого прироста доли правшей в процессе обучения (рис.1,II). Однако это видимое превышение оказалось статистически не достоверным ($p \approx 0.5$). Поэтому полагать, что у исследуемой нами популяции существует значимое преобладание правшей или левшей, как на начальном этапе обучения, так и в конце его, достаточно убедительных оснований нет.

Представлялось интересным специально проанализировать, рекрутируются ли правши и левши в процессе обучения только из группы исходных амбидекстров или возможна полная смена исходного предпочтения, а также выяснить особенности рекрутирования у правшей и левшей. С этой целью исследуемая группа (N=61) была разделена на две подгруппы в зависимости от конечного результата обучения: "конечных" левшей (N=28) и "конечных" правшей (N=33). Анализировали направление и степень предпочтения у этих животных при первом тестировании (первые 10 проб), а также динамику этих показателей в процессе тренировки.

На рис. 2. представлено частотное распределение значений K_{ac} у крыс - "конечных" правшей (белые столбики) и крыс - "конечных" левшей (черные столбики) от первых 10 проб до выполнения ими 150 сочетаний.

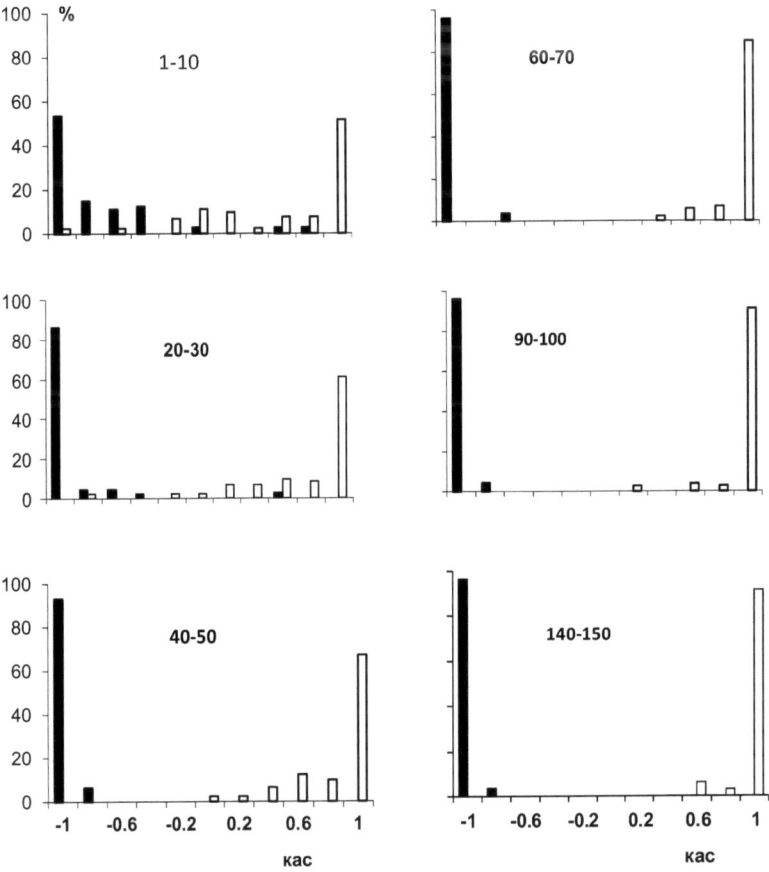

Рис. 2. Частотное распределение коэффициента асимметрии, отражающего характер и степень предпочтения конечности у крыс "конечных правшей" и "конечных левшей" в процессе обучения. По оси абсцисс - K_{ac}, по оси ординат - % животных. Объяснения в тексте.

Как видно из рисунка, в первом десятке проб процент "чистых левшей" и "чистых правшей" ($K_{ac} = \pm 1$) примерно одинаков (53.5% и 51.5%, соответственно, от общего числа крыс в каждой подгруппе). Практически равную долю в каждой подгруппе (около 40%) составляют в сумме животные с выраженной, но не абсолютной степенью предпочтения и особи с его первоначальным отсутствием, т.е. амбидекстры. Однако характер распределения степени латерализации у будущих правшей и левшей отличается друг от друга. Прежде всего, распределение K_{ac} у будущих правшей более растянуто и бимодально. Небольшой второй пик соответствует некоторому преобладанию исходных амбидекстров в подгруппе крыс - правшей. В подгруппе же будущих левшей преобладают особи с выраженной, но не абсолютной степенью предпочтения. В целом различие между распределениями K_{ac} у "конечных" правшей и - K_{ac} у конечных левшей при первоначальном тестировании статистически достоверно ($p < 0.003$). Также можно видеть, что 4 крысы - две будущие левши (6%), и две будущие правши (7%), демонстрируют противоположное направление латерализации на начальной стадии обучения.

По мере последовательной тренировки картина меняется в сторону увеличения числа крыс с максимальной степенью латерализации. Но характер распределения текущих значений K_{ac} у конечных правшей и - K_{ac} у конечных левшей после выполнения ими 30, 50 , 70 и 100 проб все еще достоверно отличается ($p < 0.001$, для всех случаев) за счет более быстрого формирования максимальной латерализации в группе конечных левшей. Соответственно процент крыс с абсолютным доминированием левой конечности заметно больше, чем крыс с абсолютным доминированием правой как после 30 проб (86% и 61%, соответственно), так и после 50 - (93% и 67%, соответственно) и эти различия статистически достоверны (в обоих случаях $p < 0.001$). После 70 сочетаний практически все левши (96 %) достигают максимального уровня латерализации, и этот уровень при дальнейшей тренировке уже не меняется. Полностью латерализованных правшей к этому времени все еще меньше (85%) и только к 100 сочетаниям 91% правшей достигают максимального уровня латерализации. Таким образом, время обучения, за которое достигается максимальный уровень латерализации, значительно короче в группе "конечных" левшей, чем в группе "конечных" правшей.

Особый интерес представляют 8 крыс, которые многократно меняли предпочтение в процессе выполнения ими 300 проб. Результаты, полученные на этих животных, в силу значительного их разнообразия, представлены в таблице. В нее внесены значения K_{ac} для каждой крысы в отдельности в процессе последовательного обучения.

Динамика коэффициента асимметрии у крыс, неоднократно изменявших предпочтение конечности в процессе обучения.*

пробы крысы	10	20	30	40	50	60	70	80	90	100	150	200	250	300
А	-1	- 0.2	0.8	0.6	0.6	0.8	0.6	-0.2	0.6	0.6	0	-0.3	0.36	0.36
Б	-1	0.4	1	1	1	1	0.6	0	0.2	0	0.6	0.36	0.04	0.2
В	-0.8	0.2	-0.2	-0.6	-0.6	-0.6	-0.8	-0.8	-0.6	-0.8	0.2	0.92	-0.5	0.96
Г	-0.4	-0.8	-0.2	-1	0.8	0.4	0	0.2	0.8	0.6	0.6	0.08	0.08	0.24
Д	-0.2	0.4	0	-0.2	-0.4	0.2	0	0.8	0.4	1	0	0.24	0.36	0.12
Е	1	1	0.4	0.4	0	0.8	0.6	1	1	1	0.8	0.28	0.12	0.72
Ж	0.8	0.8	0.6	0.8	0.4	0.2	0.4	-0.2	-0.4	0.4	-0.4	0.04	-0.6	0.64
З	0.6	0.4	0.6	0	0.4	-1	-1	-1	-1	-0.8	0.6	0.4	0.36	0.24

* На этапах до 150 проб Кас рассчитывался по 10 пробам, предшествующим данному этапу, на этапах 200, 250 и 300 проб - по 50 предшествующим пробам.

Из таблицы видно, что 3 крысы (А-В) при первоначальном тестировании (первые 10 проб) явно предпочитают левую лапу, 3 - правую (Е-З) и 2 крысы не проявляют предпочтения какой-либо конечности (Г, Д). В процессе обучения эти крысы меняют не только степень предпочтения, но и его направление (в моменты перехода направления предпочтения, значения K_{ac} набраны полужирным шрифтом). Заметно, что все животные в процессе выполнения ими 300 проб неоднократно меняют предпочтение (от 3-х до 7 раз). При этом какие - либо закономерности в изменениях направления и степени предпочтения не выявляются. Таким образом, предпочтение конечности у этих животных носит динамический и в целом неустойчивый характер, хотя в процессе их обучения можно выделить довольно длительные периоды (50-70 проб), в течение которых животные или сохраняют одно и то же предпочтение, или являются стойкими амбидекстрами. Следует отметить, что если таких животных не выделить в отдельную подгруппу, то анализ состава правшей и левшей в популяции в целом может быть осложнен случайными возмущениями.

Сравнение   начального   предпочтения   конечности,   определяемого предварительным тестированием, и реального предпочтения, сложившегося в ходе обучения латерализованному навыку, позволяет несколько расширить взгляд   на проблему взаимодействия исходно существующей моторной асимметрии и обучения. Прежде всего, полученные результаты позволили выделить в исследуемой нами популяции крыс несколько групп с различным характером этого взаимодействия. Группа 1 - "первично латерализованные" животные, сохраняющие свое предпочтение конечности до конца обучения. Группа 2 - "первично латерализованные" крысы, но спонтанно, без всякого изменения   процедуры   обучения,   меняющие   предпочтение   на противоположное и стойко его сохраняющие до конца тренировки. Группа 3 - "первичные амбидекстры",   формирующие определенное предпочтение в процессе обучения.   Группа 4- крысы с "динамической асимметрией", меняющие предпочтение несколько раз в процессе тренировки, несмотря на наличие у них "первичной латерализации".

Таким образом, полученный экспериментальный материал свидетельствует о том, что наличие или отсутствие исходного предпочтения, определяемого кратковременным первоначальным   тестированием,   далеко не всегда определяет характер и степень латерализации,   который формируется в процессе обучения. Выраженное   изначальное предпочтение конечности не является обязательным условием его сохранения в процессе продолжающейся тренировки (группы 2, 4) , а исходное отсутствие предпочтения (группа 3), в

свою очередь, не определяет проявление амбилатеральных свойств в ходе обучения. Можно предположить существование неизвестных нам функциональных индивидуальных особенностей, предопределяющих в процессе обучения как направленность процесса латерализации в определенную сторону, так и функциональную амбидекстрию. Представляется вероятным, что уровень доминирования конечности, определенный по показателям кратковременного тестирования, может быть промежуточным результатом периодических колебаний характера и степени двигательной асимметрии, отражающих текущее функциональное состояние животных (Фокин, Пономарева, 2004) или их предшествующий опыт (Denenberg, 1981; Denenberg, Yutzey, 1985; Tang, Verstynen, 2002). К специфическим факторам, сложившимся до обучения, помимо текущего функционального состояния, можно отнести как врожденные, так и сформировавшиеся в онтогенезе (пре - или постнатальном) асимметричные индивидуальные характеристики.

Результаты рассмотренных экспериментов позволили также выявить более медленное формирование максимальной степени латерализации при обучении в группе "конечных правшей", чем в группе "конечных левшей". Преобладание исходно амбилатеральных животных в группе "конечных правшей" может быть тому причиной, но не исключено, что левое и правое полушарие мозга обладают различными функциональными возможностями.

Таким образом, обучение, безусловно, является одним из факторов, участвующих в формировании функциональной двигательной асимметрии. Однако обучению, по крайней мере, в начальной стадии этого процесса, следует отвести скорее роль модулятора, способствующего реализации исходных различий в показателях асимметрии полушарий головного мозга, хотя непосредственные причины этих различий остаются пока неизвестными.

И, наконец, очевидно также, что при проведении разного рода сравнительных исследований на крысах - правшах и левшах, представляется более правомерным их разделение на правшей и левшей по результатам предпочтения, сложившегося к концу обучения.

Глава 2.

Устойчивость двигательного латерализованного навыка к принудительному переобучению.

Сам факт наличия моторного предпочтения при выполнении манипуляционных навыков ставит вопрос - насколько оно прочно, сохраняется ли при разных воздействиях на животных и, в частности, можно ли изменить свободно выбранное предпочтение после принудительного переобучения? Вынужденное использование непредпочитаемой лапы экспериментально обеспечивается при этом либо несимметричным положением кормушки, либо полной иммобилизацией предпочитаемой лапы, или надеванием на нее «перчатки» или браслета, препятствующих просовыванию этой конечности на необходимую глубину. Ряд работ (Микляева,1989; Collins,1985; Waters, Denenberg,1994; Tsai, Maurer, 1963) свидетельствуют о том, что предпочтение у крыс, сложившееся в ходе обучения в условиях свободного выбора конечности, воспроизводится даже после длительного перерыва, демонстрируя постоянство выбора в одних и тех же условиях эксперимента. С другой стороны, есть данные об изменении крысами выявленного предпочтения на противоположное после принудительного обучения доставать пищу исходно непредпочитаемой лапой (Микляева,1989; Martin,Webster,1974; Peterson, 1934;1951; Mikljaeva,Bures,1991; Milisen,1937; Wentworth, 1942). Поскольку для смены первоначального предпочтения и формирования нового требовалась тренировка непредпочитаемой конечности, именно фактору обучения отводилась решающая роль в феномене переделки двигательного предпочтения. При этом, отмечалось, как исключение, что у некоторых крыс уже небольшое число проб, выполненных непредпочитаемой лапой, вызывало заметное изменение предпочтения, тогда как у других крыс было невозможно получить смену «рукости» даже при длительной тренировке непредпочитаемой лапы (Микляева,1989; Peterson,1951;Wentworth,1942).

14

Однако само присутствие таких животных заставляет предположить, что как смена «рукости» в результате короткой тренировки непредпочитаемой конечности, так и сохранение предпочтения, несмотря на длительное переобучение, могут быть связаны с различной устойчивостью первоначального предпочтения, свойственной отдельным особям. Хотя подобное предположение возникало и раньше (Peterson, 1951; Wentworth, 1942.), целенаправленные и методически соответствующие экспериментальные исследования на крысах в этом направлении отсутствовали.

В нашей работе при исследовании устойчивости начального предпочтения к переобучению были соблюдены дополнительные экспериментальные условия, удовлетворяющие требованиям поставленной задачи. Прежде всего, предпочтение конечности в условиях ее свободного выбора определялось только после установления стабильного уровня ее использования. Основанием для обязательного соблюдения этого условия явились наши предыдущие исследования, в которых было показано, что предпочтение, определяемое кратковременным тестированием, может не совпадать с предпочтением, наблюдаемым при продолжающемся обучении (глава 1). Принудительное использование непредпочитаемой лапы, т.е. число тренировочных проб, выполняемых крысами этой лапой, было одинаковым для всех животных, участвующих в переобучении. При тестировании животных после переобучения они выполняли то же число проб, что и в предшествующих сериях экспериментов. Была проанализирована динамика становления этих результатов, которая является, как было показано выше, более информативным показателем происходящих изменений. Особое внимание было уделено сравнению результатов переобучения крыс - правшей и крыс - левшей.

После выработки стойкого двигательного предпочтения (I серия экспериментов), на запястье предпочитаемой лапы надевался легкий (4г.) браслет, который мешал просунуть предпочитаемую лапу в кормушку на глубину, необходимую для захвата и вытаскивания корма. Крысы,

вынужденные использовать исходно непредпочитаемую конечность, обучались ею пользоваться для извлечения пищи (II серия). Затем браслет снимали, и крысы вновь получали возможность свободного выбора конечности (III серия). Тестирование предпочтения в каждой серии экспериментов осуществлялось не менее 6 дней и составляло не менее 300 проб (50 в день), что позволяло судить или о постоянстве в использовании определенной конечности в первой и третьей сериях экспериментов или об отсутствии этого постоянства. Во второй серии у крыс из-за браслета не было возможности использовать предпочитаемую лапу для извлечения корма, и только непредпочитаемая лапа использовалась в течение всего принудительного цикла.

С 1-го дня тренировки в каждой серии экспериментов вели визуальное наблюдение за каждой попыткой достать пищу, и отмечали, какой лапой осуществлялся ее захват и вытаскивание. Характер и степень предпочтения в первой и третьей сериях определяли по процентному соотношению использования лап в захвате и извлечении пищи в каждых последовательных 50 пробах: если крыса пользовалась одной конечностью не менее чем в 75% случаев, то эта лапа считалась предпочитаемой.

Поскольку распределение частоты использования конечности отличалось от нормального, для сравнительной оценки результатов применяли непараметрические критерии: U-test Манн-Уитни и критерий χ^2 для сравнительной оценки межгрупповых результатов, а также парный критерий Вилкоксона для поэтапной оценки в пределах одной группы.

В экспериментах с переобучением участвовали 35 крыс, которые в первой серии опытов продемонстрировали выраженное и стойкое предпочтение одной из передних конечностей. Все эти крысы обучились также стабильно использовать для захвата и извлечения корма исходно непредпочитаемую лапу (вторая серия), когда использование предпочитаемой стало неэффективным из-за надетого на нее браслета. После снятия браслета проводили третью серию

экспериментов. Конечные результаты выбора лапы после выполнения 300 проб в этой серии (по данным последних 50проб) представлены в таблице.

Распределение количества крыс в зависимости от результатов принудительного переобучения.

Группы животных	количество	После принудительного переобучения		
		переобучились	вернулись к предпочитаемой лапе	Стали амбидекстрами
Все исследуемые крысы	35	12 (34%)	15 (43%)	8 (23%)
Крысы-правши	17	6 (35%)	7 (41%)	4 (24%)
Крысы-левши	18	6(33%)	8 (45%)	4 (22%)

12 крыс (34%) изменили свое первоначальное предпочтение, т.е. продолжали использовать исходно непредпочитаемую лапу. 15 крыс (43%), напротив, вернулись к использованию исходно предпочитаемой лапы. 8 животных (23%) после переобучения утратили имеющееся ранее предпочтение одной конечности и стали амбидекстрами, т.е. использовали попеременно то - одну, то - другую лапу. Результаты переобучения для крыс, сформировавших в первоначальных условиях свободного выбора стабильное предпочтение правой или левой конечности, в конечной фазе тестирования практически не различались. Соотношение крыс, изменивших предпочтение, сохранивших его и ставших амбидекстрами, оказалось примерно одинаковым для крыс-правшей и крыс-левшей (по критерию χ^2 вероятность этого заключения более 98%).

Помимо конечных результатов переобучения была рассмотрена динамика их становления и проведено сравнение этих результатов для крыс-правшей и крыс-левшей. На каждом отдельном графике рисунков 1,2,3 представлены усредненные по всем животным каждой подгруппы проценты использования соответствующих конечностей в последовательных этапах тестирования каждого цикла тренировок - свободный выбор конечности (I), принудительное использование непредпочитаемой лапы (II), возвращение к свободному выбору (III). Результаты трех последовательных серий экспериментов для крыс - правшей и крыс - левшей, вернувшихся после переобучения к своему предпочтению, представлены на рис.1.

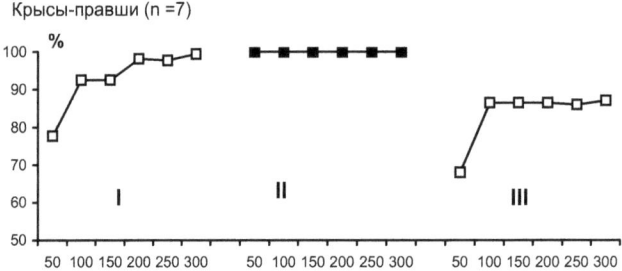

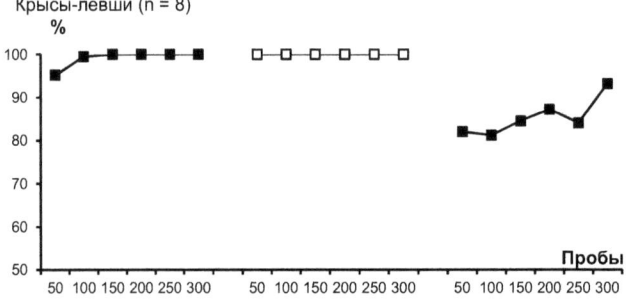

Рис. 1. Сохранение предпочтения конечности после переобучения у крыс-правшей и крыс-левшей. По оси абсцисс - последовательное число выполненных проб в каждом цикле; по оси ординат - усредненный по всем животным данной подгруппы процент использования конечностей за соответствующие периоды тестирования. Темные квадраты - левая лапа, светлые - правая.

Обращает на себя внимание, что возвращение к исходному предпочтению после переобучения является динамическим процессом, который по своему характеру совпадает с динамикой первоначального обучения. Однако предпочтение, хотя и сохранилось, но не достигло, по крайней мере, в тестируемом интервале времени, уровня, который предшествовал переобучению. При возвращении к свободному выбору конечности (рис.1, III), в первых 50 пробах и правшей и у левшей процент использования изначально предпочитаемых ими лап (правой и левой, соответственно) значительно (и достоверно) ниже результатов, достигнутых ими к концу I серии экспериментов (рис.1, I, 300 проб). Если к концу первой серии крысы - правши пользуются правой лапой в 99, 4% случаев, то в начале третьей серии только в 68% , (Z= 2,19, P= 0,02). Для левшей эти же значения соответствуют 100% и 82% , соответственно, (Z= 2,2, P= 0,02). К концу тестирования (последние 50 проб из 300 выполненных) процент использования предпочитаемой лапы в обеих группах оказывается сниженным по сравнению с последними 50 пробами 1 серии. Однако только у правшей это снижение статистически значимо (T=1,5, Z =1,88, P =0,05), тогда как крысы-левши к этому времени достигают более высокого результата.

Таким образом, крысы-левши, восстановившие предпочтение левой лапы, по сравнению с крысами-правшами, восстановившими предпочтение правой, и в начале и в конце Ш серии оказываются ближе к уровню предпочтения, сложившемуся в I серии.

Более неожиданными оказались экспериментальные данные для животных, которые в результате принудительного переобучения изменили характер предпочтения (рис. 2).

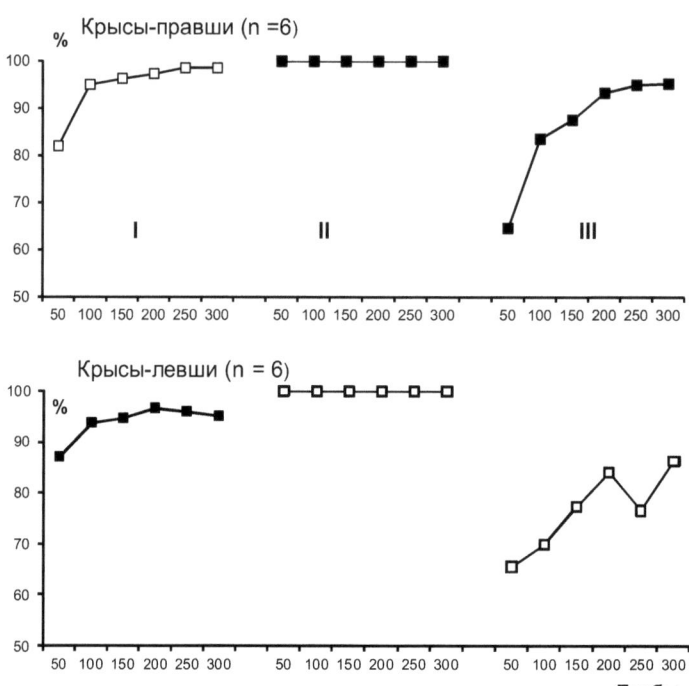

Рис.2. Смена предпочтения конечности после переобучения у крыс-правшей и крыс – левшей. Обозначения как на рис.1

Несмотря на то, что абсолютное использование непредпочитаемой лапы во 2 серии, непосредственно предшествовало возвращению к свободному выбору, процент ее применения в начале III серии и у правшей и у левшей оказывается сниженным и постепенно растет с увеличением выполненных проб. При этом надо отметить, что использование непредпочитаемой левой лапы у правшей нарастает более быстро и интенсивно, чем использование непредпочитаемой правой лапы у левшей. В первых 50 пробах процент использования непредпочитаемых конечностей в обеих группах практически одинаков (64,6% и 65,6%), но после выполнения 100 проб правши используют левую лапу в 83,6% случаев, а левши правую - в 70%. В последующих интервалах и до конца тестирования процент использования правшами левой лапы также выше, чем левшами правой. При этом было замечено, что крысы -

левши, в некоторых пробах III серии испытывали затруднения в захвате и извлечении корма непредпочитаемой правой лапой. Они использовали правую лапу для просовывания в кормушку, подгребали этой лапой корм к ее краю, н окончательно доставали пищу лапой с близкого расстояния или языком. Иными словами, переобучившиеся крысы-левши менее успешны в использовании непредпочитаемой для них лапы.

Результаты трех последовательных экспериментальных серий для крыс-левшей и крыс-правшей, которые, утратив после переобучения предпочтение одной конечности, выбрали амбилатеральную стратегию, представлены на рисунке 3.

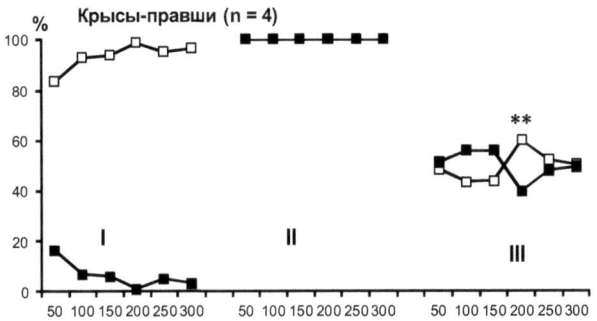

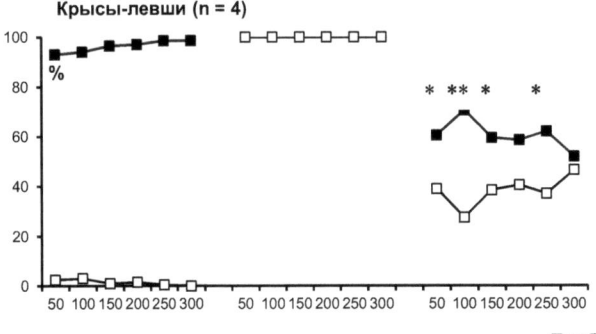

Рис. 3. Потеря предпочтения конечности после переобучения у крыс - правшей и крыс-левшей. * - достоверные различия p <0.01, ** - p<0.001.

Оказалось, что крысы-левши, выбравшие после переобучения амбилатеральную стратегию, используют изначально предпочитаемую ими левую конечность в большем проценте случаев, т.е. чаще, чем непредпочитаемую правую (достоверные различия обозначены звездочкой). Крысы-правши, с аналогичным результатом переобучения в основном используют обе конечности в равной степени.

Таким образом, хотя все крысы были подвергнуты в равной степени принудительному переобучению, в условиях последующего свободного выбора только часть из них (34%) изменила первоначальное предпочтение на противоположное. Другая часть крыс (23%) после принудительной тренировки непредпочитаемой лапы утратила первоначально сформировавшееся предпочтение одной конечности. Однако 43% крыс с появлением возможности свободного выбора конечности возвратились к использованию лапы, предпочитаемой ими до переобучения. Как уже было показано в предыдущей главе, процесс обучения при свободном начальном выборе конечностей не является единственно определяющим фактором формирования результирующего предпочтения. Тот факт, что крысы демонстрируют различную устойчивость первоначально сформированного предпочтения конечности к принудительному переобучению, показывает, что сам процесс переобучения, или обучения (тренировки) непредпочитаемой лапы, также не является единственным и достаточным условием ни для смены « рукости», ни для его сохранения или перехода к амбилатеральности. Различная устойчивость к переобучению может быть предопределена исходно существующими еще до первоначального обучения специфическими внутренними факторами, одним из которых может быть величина (степень) предпочтения. К настоящему времени сформировалась представление, согласно которому внешняя среда, включая фактор обучения, обусловливает направление предпочтения (правое - левое), тогда как степень исходного предпочтения (сильная – слабая) контролируют внутренние, и, по крайней мере, частично, наследственные факторы (Бианки,1985; Collins, 1968, 1985;

22

1991; Signore et al,1991; Waters,Denenberg,1994; Tang,Vestynen,2002). Представление о врожденном и, соответственно, самостоятельном существовании на индивидуальном уровне различной степени предпочтения базируется на результатах, полученных в генетических исследованиях на мышах (Collins, 1968,1977; 1985; 1991; Biddle et al. 1993,1996). На наличие у крыс разной исходной степени предпочтения - от его полного отсутствия до максимально выраженного право - и левостороннего доминирования конечности указывает U- образная форма распределения коэффициента асимметрии при начальном кратковременном тестировании (Сташкевич, Воробьева,1997; Collins,1991; Signore et al.,1990), когда фактор обучения сведен до минимума. Очевидно, что различная устойчивость к переобучению сформированной «рукости» у крыс, может служить дополнительным доводом в пользу существования на индивидуальном уровне исходных различий в степени предпочтения. Выраженная устойчивость первоначального предпочтения к переобучению отдельных крыс, может свидетельствовать о сильной степени предпочтения, свойственной именно этим крысам. Смена «рукости» характерна для животных, у которых исходная степень предпочтения выражена не так сильно, но оказывается достаточной, чтобы при обучении в условиях свободного первоначального выбора конечности сформировать выраженное предпочтение соответствующего направления. Однако принудительная тренировка непредпочитаемой лапы именно у таких крыс может вызвать смену предпочтения. Животные с исходно слабой степенью предпочтения в результате переобучения становятся амбидекстрами. В наших экспериментах с переобучением не участвовали крысы, которые, несмотря на выраженное предпочтение одной лапы при кратковременном тестировании, демонстрировали неустойчивый характер предпочтения или вообще его отсутствие в процессе длительного обучения. Можно полагать, что именно у этих крыс, выделенных нами в группу амбидекстров (Сташкевич, Воробьева, 1997; Сташкевич, Куликов, 2000), предпочтение отсутствует исходно.

Сравнение результатов, как обучения, так и переобучения крыс-правшей и левшей, помимо общих характерных черт выявляет и некоторые различия. Обучение латерализованному двигательному навыку, и, следовательно, его становление у крыс с различным моторным предпочтением происходит с разной скоростью, и преимущество в этом процессе за левшами. Более выраженная тенденция к возвращению первоначально сформированного предпочтения у крыс-левшей, и менее выраженная успешность в использовании исходно непредпочитаемой для них лапы, может быть показателем их большей устойчивости к принудительному переобучению по сравнению с правшами. Однако именно этот фактор может затруднить адаптацию животных в ситуациях, требующих смены конечности, и тогда преимущество может оказаться за крысами-правшами. Представляется необходимым дифференцированный подход при исследованиях адаптивного двигательного поведения крыс-правшей и крыс-левшей.

Глава 3.

Формирование двигательной стратегии при обучении двигательному навыку

На ранней стадии изучения процессов формирования двигательного предпочтения у крыс основное внимание исследователей акцентировалось только на успешном использовании одной из конечностей в захватах и извлечении пищи. Поэтому и общепринятым показателем хорошо сформированного в ходе обучения навыка принято считать преимущественное участие предпочитаемой лапы в успешных взятиях пищи. Однако даже при стабильно выраженном захвате пищи только предпочитаемой лапой, можно наблюдать, что предшествующие захвату движения в кормушку осуществляются не только ею, но и непредпочитаемой лапой (бимануальные двигательные реакции), т.е. лапой, не участвующей в захвате. Также совершенно упускалось из виду, что и в начале обучения при выполнении предваряющих попыток, часто участвуют попеременно обе лапы. Вследствие этого, участие обеих конечностей в движениях, предшествующих захвату пищи практически не исследовалось. Однако именно присутствие бимануальных реакций при выработке латерализованного навыка, и их реорганизация в процессе обучения, представляют значительный интерес в плане становления новой двигательной координации. Очевидно, что на начальном этапе формирования нового двигательного навыка происходит активный поиск средств решения новой двигательной задачи. Прежде всего, необходимо установление новой двигательной координации, а одно из условий ее становления - реорганизация бимануальных реакций в процессе обучения. Таким образом, не только максимальное предпочтение конечности для взятия пищи, но и реорганизация бимануальных движений в предваряющих попытках может служить важным показателем становления латерализованного навыка в ходе обучения. Не меньший интерес представляет и временнóе соотношение этих двух показателей.

Задача работы состояла в исследовании и анализе характера использования обеих конечностей в ходе обучения у крыс с разным направлением двигательного предпочтения (правшей – левшей) - как при выполнении завершающего движения (захват и извлечение пищи), так и в предварительных попытках.

Исследование было проведено на крысах - самцах линии Вистар в возрасте 1.5 - 2 мес. (масса 250-300г). После 48 – часовой пищевой депривации крысы обучались доставать корм (пищевые шарики) лапой из узкой горизонтальной трубки – кормушки (внутренний диаметр 1.3 см), прикрепленной в центре передней стенки камеры на расстоянии 5 см от пола. Перед началом пробы трубка была закрыта стержнем – поршнем. Кормушку открывали вручную, и пищевые шарики (диаметр 3 - 3.5мм, масса 4.5мг) подавались в трубку через расположенное в ней отверстие   (диаметр 8мм)

на расстоянии   40мм от входа в кормушку. Дальнейшее расстояние   между

пищей и входным отверстием в кормушку регулировалось стержнем.   Отсчет

удачно выполненных проб начинался с момента успешного взятия пищи лапой

с расстояния 5мм от входа в кормушку (подвижка корма стержнем).   Как

правило, с такого короткого расстояния крысы выполняли не более 2-3 проб, а

затем расстояние   последовательно увеличивалось до 20-25мм от входа в

кормушку и   поддерживалось во всех дальнейших пробах. Для успешного

захвата и извлечения пищи крысы увеличивали глубину просовывания лапы.

Когда все движения, выполненные крысой после подачи порции корма,

заканчивались успешным его извлечением, кормушку   вручную закрывали, и

проба считалась выполненной. В течение каждой пробы   вели визуальное

наблюдение за характером использования конечностей животным. Отмечали,

какой лапой крыса доставала пищу из кормушки, и предшествовали ли этому

предварительные движения только этой лапы   или животное использовало

попеременно то - одну, то - другую конечность.

Для оценки характера и степени предпочтения конечности в захвате и

извлечении   пищи служил   коэффициент асимметрии ($К_{ас}$), вычисляемый по

формуле

$К_{ас} = \dfrac{П - Л}{П + Л}$, где П - число успешных взятий правой лапой, Л - левой (из

10 проб).   Для оценки   использования   конечностей   в движениях,

предваряющих успешное взятие,   служил   бимануальный   коэффициент

асимметрии ($БК_{ас}$), вычисляемый по формуле

$БК_{ас} = \dfrac{(П + Л) - Б}{П + Л + Б}$, где   П -   число проб (из 10), выполненных с

использованием в предварительных попытках исключительно правой лапы, Л -

выполненных исключительно с использованием   левой,   Б - число проб с

бимануальными движениями. Независимо от направления предпочтения,

отрицательное значение $БК_{ас}$ указывает на отклонение в сторону проб с бимануальными реакциями. Для каждого животного вычисляли значения K_{ac} и $БК_{ac}$ в последовательных блоках из 10 проб в течение 6 экспериментальных дней (300 проб, по 50 проб в день). На основании значений K_{ac} определяли число проб, с момента выполнения которых крыса обнаруживала максимальное предпочтение конечности для извлечения пищи ($K_{ac} = 1$ у правшей и $K_{ac} = -1$ у левшей) и число таких крыс в каждом блоке. На основании значений $БК_{ac}$ определяли число проб, с момента выполнения которых у крысы отсутствовали бимануальные реакции в предварительных попытках ($БК_{ac} = 1$ как у правшей, так и у левшей) и число таких крыс также на последовательных этапах обучения. Полученные индивидуальные результаты усреднялись раздельно для крыс-правшей и крыс-левшей.

Статистическую обработку полученных данных проводили с помощью пакета программ Statistica-5 с использованием критериев Стьюдента (t-test) и Манна-Уитни для межгрупповых сравнений, парного критерия Вилкоксона и критерия Стьюдента (t-test) для парных сравнений при оценке результатов в пределах одной группы, а также биномиального критерия для сравнения двух долей (процентов). Так как результаты проверки значимости различий, как по параметрическим, так и непараметрическим критериям были идентичны, то приведены значения достоверности различий (р) по критерию Стьюдента. Для оценки скорости обучения применялась квазиньютоновская аппроксимация экспериментальных данных соответствующим уравнением нелинейной регрессии.

В зависимости от конечного результата обучения, крысы, обучившиеся данному навыку (n = 86), были разделены на две группы - правшей и левшей. В группу правшей вошли животные (n =48), которые в конце обучения преимущественно ($0.4 < K_{ac} \leq 1$) использовали правую лапу для извлечения корма, в группу левшей - крысы (n =38), преимущественно использовавшие левую ($-1 \leq K_{ac} < -0,4$).

В результате исследования оказалось (Рис.1А), что для крыс - правшей среднее число проб (± стандартная ошибка средней), выполненное до достижения абсолютного предпочтения правой лапы в захвате и извлечении пищи составило 68.75 ± 12.1 (1), тогда как для полного исчезновения бимануальных предваряющих движений (2) им потребовалось выполнить достоверно большее число проб – 124.79±17.25 (p = 0.0001). Для крыс - левшей среднее число проб, требуемых для абсолютного предпочтения левой лапы в захвате и извлечении пищи (1) равнялось 23.42±3.7, а для полного отсутствия бимануальных реакций в предварительных попытках (2) проб было выполнено достоверно больше 53.68±9.05 (p = 0.0001).

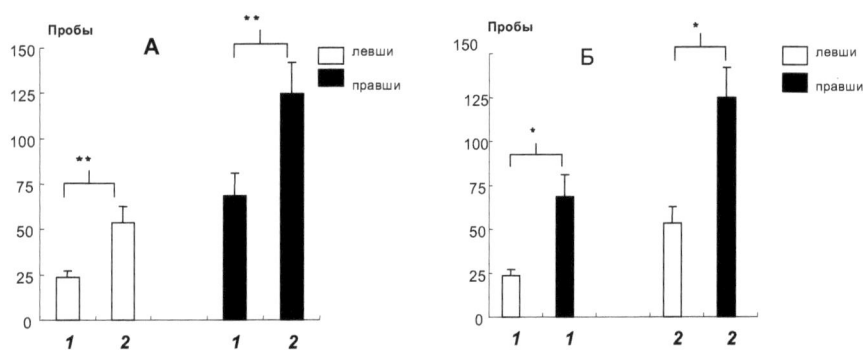

Рис.1. Среднее число проб, необходимых для формирования максимального предпочтения конечности при извлечении пищи (*1*)и исчезновения предваряющих бимануальных движений (*2*) у левшей и правшей (**А**) и межгрупповые сравнения результатов (**Б**). По оси ординат - среднее число проб (± стандартная ошибка среднего). * - достоверные различия p < 0.01, ** - p< 0.001. Объяснение в тексте.

Межгрупповые сравнения этих результатов представлены на рис.1, Б. Оказалось, что и для достижения абсолютного доминирования предпочитаемой конечности в успешных попытках (1), и для полного отсутствия бимануальных реакций в предварительных движениях (2) , крысы – левши выполняют достоверно меньше проб, чем крысы – правши (23.42±3.7 vs. 68.75 ±12.1, p =0.001, и 53.68±9.05 vs. 124.79±17.25, p =0,001 соответственно). Для оценки динамики формирования этих показателей в ходе обучения было проанализировано число крыс с максимальным предпочтением конечности при доставании пищи и крыс с полным отсутствием предварительных бимануальных движений на последовательных этапах обучения и соотношение этих показателей у правшей и левшей (Рис.2).

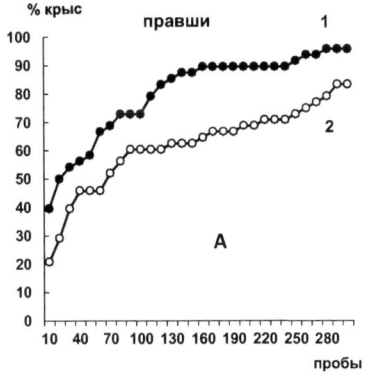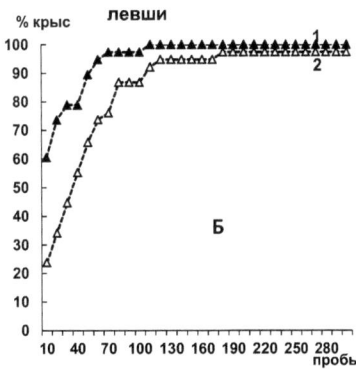

Рис.2. Формирование максимального предпочтения конечности для извлечения пищи и латерализованной двигательной координации у крыс правшей и левшей. По горизонтали – блоки по 10 проб; по вертикали - процент крыс с максимальным предпочтением конечности для взятия пищи (**1**) и крыс с отсутствием бимануальных реакций в предварительных движениях (**2**) в группе правшей (**А**) и левшей (**Б**) в различные периоды обучения. Кружками обозначены экспериментальные данные для правшей, треугольниками для левшей.

Видно, что в самом начале обучения (первые 10 проб) как в группе правшей (рис.2, А), так и в группе левшей (рис.2, Б), количество крыс, извлекающих пищу исключительно предпочитаемой лапой, заметно больше, чем крыс, использующих исключительно эту же лапу в предварительных попытках, т.е. с полным отсутствием бимануальных реакций (39.5 % vs 21 %, $p = 0,04$ и 60.5% vs 23.7 %, $p = 0.002$, соответственно). В ходе дальнейшей тренировки в обеих группах последовательно увеличивается как число крыс с абсолютным доминированием предпочитаемой лапы в доставании корма (**1**), так и их число с отсутствием бимануальных движений в предшествующих попытках (**2**). Однако в группе левшей (рис.2, Б) число крыс с максимальным предпочтением левой лапы при выполнении завершающего движения достоверно преобладает над числом крыс с полным отсутствием бимануальных реакций в предварительных движениях лишь до 70 проб (97.36% vs 76.13%, p=0,009). Далее это преобладание становится менее выраженным, а после выполнения 130 проб подавляющее большинство левшей используют только левую лапу и в предварительных попытках. У крыс – правшей   (Рис.2А) преобладание числа крыс с максимальным предпочтением правой лапы в успешных попытках над числом крыс с полным отсутствием   бимануальных   реакций   в   предварительных   движениях сохраняется на всех этапах обучения.

Межгрупповые различия представлены на рис.3.

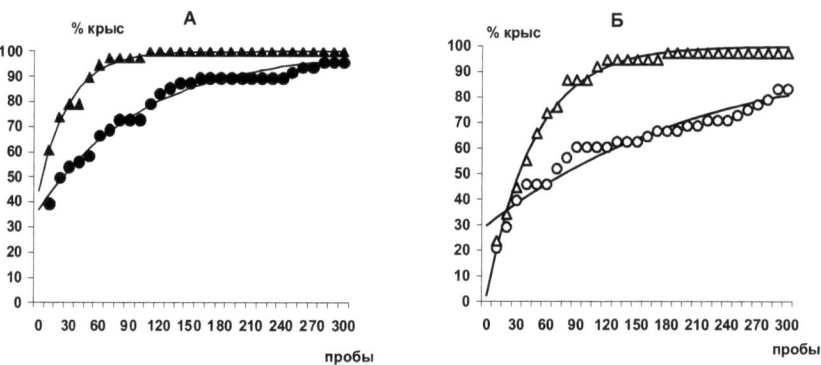

Рис. 3.   Сравнительное соотношение числа крыс с максимальным предпочтением конечности   для взятия пищи (А) и с отсутствием бимануальных реакций   в предварительных движениях (Б) у правшей и левшей на последовательных этапах обучения. Экспериментальные данные обозначены кружкам (для правшей) и треугольниками (для левшей). Сплошные линии - теоретические кривые, отражающие процент обученных животных в конце каждого этапа тренировки.

При выполнении завершающего движения (Рис.3А) число крыс – левшей (треугольники) с абсолютным доминированием левой лапы для доставания корма значительно больше, чем крыс – правшей (кружки) с максимальным предпочтением   правой лапы как   в первых 10 пробах   (60.5 и 39 % соответственно, p = 0,04), так и при   дальнейшей тренировке. Даже при выполнении крысами 240 проб это преобладание еще статистически значимо

(100 и 89% соответственно, p = 0.03). Процент животных, у которых полностью отсутствуют бимануальные реакции в предварительных попытках (рис. 3,Б), в самом начале обучения мало отличается у правшей и левшей и сравнительно невелик (20.8 и 23.6, соответственно), и их последующее увеличение также практически совпадает вплоть до выполнения 40 проб. Но после выполнения 50 проб число крыс – левшей, использующих только левую лапу в предварительных движениях, становится заметно больше, чем правшей, использующих в этих движениях только правую, после 60 проб это различие становится статистически значимым (73.68% vs 45.83%, p = 0,01) и сохраняется до конца обучения. Таким образом, и у правшей, и у левшей максимальное использование одной конечности для захвата и извлечения пищи формируется раньше, чем изолированное использование этой же конечности в предварительных движениях, но крысам – левшам для формирования каждого из этих процессов требуется меньше проб, чем крысам-правшам. Для уверенных суждений о том, что это различие между правшами и левшами связано с различной скоростью обучения животных разных групп была использована квазиньютоновская аппроксимация экспериментальных данных соответствующим уравнением нелинейной регрессии. Наиболее приемлемой с точки зрения близости теоретических кривых к экспериментальным данным оказалась модель, предусматривающая полное обучение всех животных при неограниченном увеличении числа сессий (в нашем случае сессия – блок из 10 проб), но допускающая некоторое влияние начального опыта, выражающееся в том, что уже в первых 10 пробах некоторая часть животных показывает 100% – ное обучение.

Эта модель может быть описана уравнением $Y(k) = 100(1-B\exp(-Ck))$, где Y- ожидаемое теоретическое значение доли (%) полностью обученных животных в конце k – той сессии обучения (k – номер сессии), 100 – максимально достигаемый при бесконечном числе сессий (асимптотический или предельный) уровень обучения (процент полностью обученных животных), В – разница между начальным и асимптотически достигаемым уровнем обучения (диапазон обучения), С – параметр, определяющий изменение скорости обучения от сессии к сессии (чем больше значение С, тем выше темп обучения соответствующей группы животных). Теоретические кривые, отражающие процент обученных правшей и левшей в конце каждого этапа тренировки, представлены на рис. 3 сплошными линиями. Сравнение коэффициентов С, вычисленных для каждой теоретической кривой и пропорциональных относительному темпу обучения привело к следующим результатам. Обучение максимальному использованию предпочитаемой конечности для захвата и извлечения пищи происходит быстрее, чем обучение изолированному использованию этой же конечности в предварительных движениях как у правшей (коэффициент С равен соответственно 0.097 ± 0.004 и 0.044 ± 0.0025, p=0,012, t=2.52), так и у левшей (0.332 ± 0.021 и 0.209 ± 0.007, p < 0001, t=5.56). Однако у левшей по сравнению с правшами оказалась достоверно выше и скорость формирования максимального предпочтения конечности для взятия пищи (среднее значение коэффициента С у них достоверно больше (0.332 ± 0.021 и 0.097 ± 0.004 соответственно, p< 0,001, t= -10.99), и скорость латерализации навыка в предварительных попытках (0.209 ± 0.007 и 0.044 ± 0.0025, соответственно, p <0.001 t=22.20).

Таким образом, использование такого дополнительного показателя, как исчезновение бимануальных движений в предваряющих попытках, оказалось достаточно эффективным для оценки процесса формирования латерализованного навыка. Полученные результаты позволили экспериментально подтвердить важную особенность процесса формирования латерализованной двигательной реакции, свойственной большинству крыс – использование обеих конечностей на начальном этапе обучения и их реорганизацию в процессе обучения, свидетельствующую о становлении новой двигательной координации.

При этом, при выработке, как право, так и левостороннего пищедобывательного двигательного навыка, становление новой двигательной координации, обеспечивающей латерализованную двигательную реакцию, происходит медленнее, чем формируется стабильное предпочтение одной конечности для захвата и извлечения пищи, основанное на более выраженной способности одной конечности к успешным тонким манипуляциям. При этом у крыс-левшей и формирование максимального предпочтения конечности для взятия и извлечения пищи, и становление новой двигательной координации происходит в ходе обучения быстрее, чем у крыс-правшей, что может указывать на функционально различные возможности правого и левого полушарий мозга крыс в организации процесса формирования нового двигательного навыка.

Полученные результаты свидетельствуют также, что критерием формирования данной латерализованной реакции служит не только более выраженная способность одной конечности к успешным тонким манипуляциям, обеспечивающим захват пищи, но и реорганизация первично доминирующей двигательной координации, основанной на работе обеих конечностей. Известно, что при формировании нового двигательного навыка используются уже имеющиеся, часто врожденные, средства координации, которые реорганизуются в процессе обучения (Бернштейн,1990; Гурфинкель, Левик,1990; Козловская, 1976; Bracha et al. 1990; Grillner, Wallen,1985). В данной экспериментальной ситуации такими наличными ресурсами могут быть всегда присутствующие в поведенческом репертуаре лабораторных крыс чередующиеся копательные движения обеими лапами, так называемый паттерн "диггинг" (Bracha et al. 1990), как свойственная виду врожденная форма двигательного поведения. Однако использование этого бимануального паттерна с неадекватными координационными средствами для новой задачи, значительно затрудняет ее выполнение. Новая задача требует успешного использования только одной лапы и соответствующей новой позы для сохранения нужного при этом равновесия (использование непредпочитаемой лапы в качестве опоры на переднюю стенку камеры или на пол). Для объяснения механизма реорганизации бимануальных движений может быть использовано существующее предположение о том, что в ходе выработки новой координации происходит торможение исходно используемой координации, если она препятствует выполнению новой задачи (Иоффе, 1991; Levitan, Reggia, 2000).

Известно, что при осуществлении данного инструментального рефлекса, движения, выполняемые крысами для захвата и извлечения пищи, являются сенсорно – контролируемыми, тогда как предварительные безуспешные движения – квазибаллистические, с минимальным сенсорным контролем (Йолтуховский,1993; Zhuravin,Bures,1986,1989;). Можно полагать, что, координации с минимальным сенсорным контролем вытормаживаются позже, чем сенсорно-контролируемые, обычно связанные с выполнением наиболее тонких манипуляций.

Стоит обратить особое внимание, что более быстрое формирование новой двигательной координации у крыс – левшей, по сравнению с крысами - правшам, проявляется на ранней стадии обучения. Именно на ранней стадии обучения нужно установить новую позу, выбрать конечность, найти адекватное движение, соизмеримое с положением цели, т.е. в целом выработать новую стратегию двигательного поведения. Исходя из этого, полученные результаты могут говорить о преимуществе крыс-левшей (доминантное правое полушарие мозга), по сравнению с крысами-правшами (доминантное левое полушарие) при выработке необходимой координации в ходе обучения новой стратегии двигательного поведения. Такое предположение согласуется с имеющимися в литературе данными о преимущественном использовании правого полушария в сложных поведенческих задачах, связанных с пространственной ориентацией у животных (Бианки,1985,1989; Рябинская, Валуйская, 1983; Удалова, Михеев 1982; Denenberg,1981; Denenberg et al.1991; Sherman et al.,1980;).

34

Однако следует иметь в виду, что на разных этапах обработки информации и реализации выполняемых действий может доминировать то одно, то другое полушарие (Бианки, 1985,1989;). Поэтому при других условиях обучения, или на других его стадиях, или при выполнении других задач крысы-правши могут оказаться успешней левшей. Например, как было показано в гл. 2, более выраженная устойчивость крыс-левшей по сравнению с правшами к принудительному переобучению может затруднить адаптацию крыс-левшей в ситуациях, требующих смены конечности, и тогда преимущество может оказаться за крысами-правшами.

Глава 4.
Предпочтение конечности и асимметрия выполнения двигательного навыка

Результаты, представленные в предыдущей главе, указывают на преимущество крыс-левшей, по сравнению с правшами, на этапе обучения навыку. У крыс - левшей и формирование максимального предпочтения конечности для взятия и извлечения пищи, и становление новой двигательной координации происходит в ходе обучения быстрее, чем у крыс-правшей.

Закономерно возникает интерес к сравнению выполнения сформировавшихся навыков, упроченных в результате обучения у крыс с разным двигательным предпочтением, на предмет возможного их сходства или различия. Поэтому нашей дальнейшей задачей явилось исследование времени и эффективности выполнения предпочитаемой конечностью выработанного пищедобывательного двигательного навыка крысами - правшами и левшами.

Исследование выполнено на 30 крысах-самцах линии Вистар в возрасте 1.5-2 мес. (масса 250-300г). После 48 – часовой пищевой депривации крысы обучались доставать корм (пищевые шарики) лапой из узкой горизонтальной трубки – кормушки (внутренний диаметр 1.3 см), прикрепленной в центре передней стенки камеры на расстоянии 5 см от пола. Пищевые шарики подавались в трубку через расположенное в ней отверстие (диаметр 8 мм) на расстоянии 40мм от входа в кормушку. Кормушка была оснащена 5 фотоэлектрическими контурами (1-5) - светодиодами ИК диапазона и фототранзисторами (рис. 1 А).

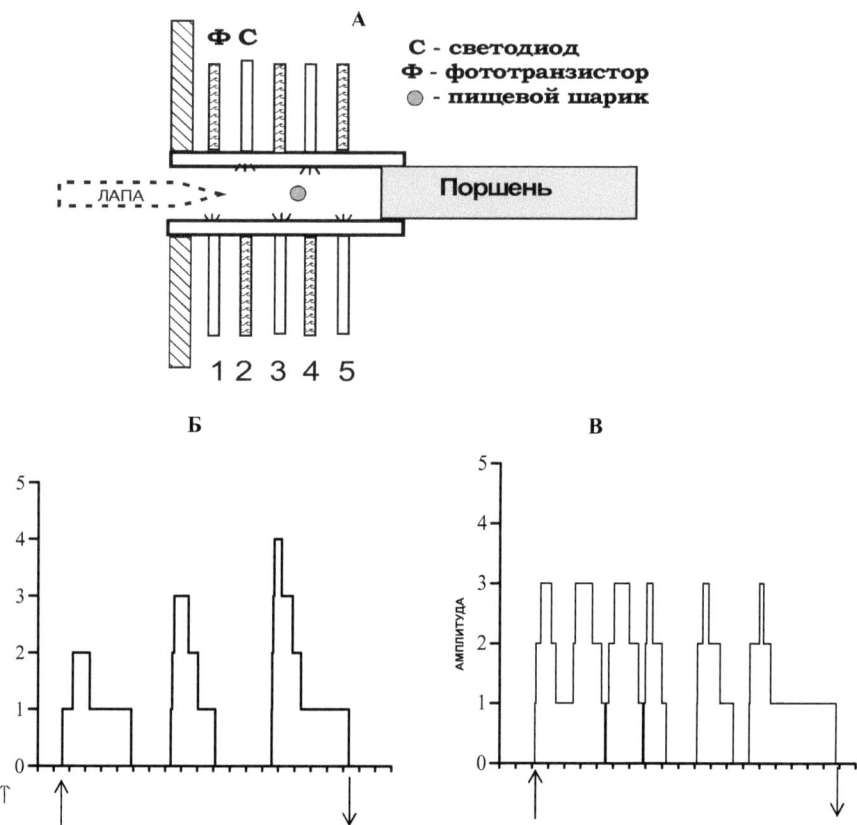

Рис. 1. Схема регистрирующего устройства (А) и примеры регистрируемой последовательности совершаемых крысой пищедобывательных движений в ходе одной пробы (Б, В). ↑↓ - время выполнения всей последовательности движений, по оси абсцисс – шкала времени, цена деления 100мс; по оси ординат – амплитуда выполненного движения (пересечение соответствующего контура). Объяснение в тексте.

Первый контур находился на расстоянии 10мм от входа в кормушку, последний - на расстоянии 30мм. Расстояние между контурами равнялось 5 мм. Поступательные движения лапы в кормушку прерывали лучи контуров, а движения обратного направления – восстанавливали их, формируя импульсы, отражающие длительность перекрытия контура. Сформированные импульсы через входное устройство поступали на компьютер. Перед началом пробы трубка была закрыта стержнем – поршнем. Кормушку открывали вручную, и пищевые шарики передвигали с помощью поршня обычно на расстояние 20-25 мм от входа в кормушку, что соответствовало положению пищевого шарика между 3-м и 4-м контурами. Обучение продолжалось 6 экспериментальных дней, в течение которых крысы выполнили не менее 360 проб (по 60 проб в день). Крысы, выполняя данную задачу, редко достают пищу с первой попытки (с одного движения) не только в начале обучения, но и после интенсивной тренировки. Поэтому проба, как правило, состояла из серии предварительных просовывательных движений лапы в кормушку и завершающего движения, которое заканчивалось взятием и извлечение пищи. Кормушку вручную закрывали после того, как крыса доставала пищевой шарик. Пищевые шарики изготавливались таких размеров (диаметр 3-3.5 мм), чтобы при перемещении их по кормушке они не перекрывали лучи контуров.

На рис. 1 Б, В приведены примеры регистрации последовательного выполнения пищедобывательных движений от начала первого движения в кормушку до взятия пищи. Стрелками обозначены - момент начала перекрытия первого контура (при осуществлении первого движения) и конечный момент пересечения первого контура при движении лапы в обратном направлении, но уже после выполнения успешного последнего движения. По этим моментам определяли длительность всей последовательности действий (длительность пробы), т.е. время, затрачиваемое крысой на выполнение пищедобывательной задачи в целом, - от первого поступательного движения лапы в кормушку до захвата и извлечения пищи.

По данным, полученным для каждой из 60 проб, рассчитывалось среднее время выполнения задачи за опыт, и среднее время выполнения задачи в каждых последовательных 10 пробах, которые отображали динамику времени выполнения задачи в течение экспериментальной сессии. Амплитуда движений оценивалась в соответствии с конечным номером луча, перекрытого лапой при ее поступательном движении. Определялась также успешность выполнения задачи. Задача считалась успешно выполненной, если пищевой шарик был захвачен с расстояния не менее 20мм (амплитуда завершающего движения 3-4) и этим же движением при обратном направлении извлечен из кормушки. Если пищевой шарик был потерян в ходе ретракции конечности и схвачен при последующем движении лапой с близкого расстояния (амплитуда 1 или 2) или языком, то проба считалась неуспешной. В соответствии с этими результатами успешность выполнения задачи оценивалась как процентное соотношение удачно осуществленных проб к их общему выполненному числу.

Статистическую обработку полученных данных для животных разных групп проводили с помощью пакета программ Statistica-6. Сравнения средней длительности выполнения задачи разными группами крыс проводились по t-критерию Стьюдента для независимых выборок и подтверждались по непараметрическому критерию Манна – Уитни.

Исследуемые крысы, обучившиеся пищедобывательному двигательному навыку, были разделены на группы правшей и левшей по результатам конечного периода обучения. Характер и степень предпочтения определяли по процентному соотношению использования лап в захвате и извлечении пищи в каждых последовательных 60 пробах: если крыса пользовалась одной конечностью не менее чем в 75% случаев, то эта лапа считалась предпочитаемой (Бианки, 1989). Соответственно, в группу правшей вошло 16 крыс, в группу левшей – 11.

Сравнение общего времени выполнения задачи предпочитаемой лапой (предварительные безуспешные движения и заключительное успешное) выявило достоверное различие этого показателя в группах крыс правшей и левшей. Рис. 2 А иллюстрирует межгрупповое сравнение этих результатов: если среднее время (и стандартная ошибка) выполнения проб у крыс-правшей составляет 3.1 ± 0.21 сек, то у крыс-левшей крыс оно достоверно короче и составляет 2.39 ± 0.22 сек (p =0.03).

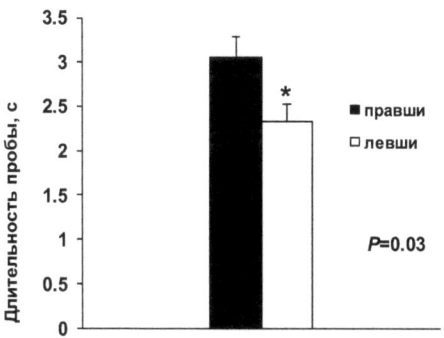

Рис. 2   Длительность выполнения упроченного пищедобывательного навыка крысами-правшами и левшами. По вертикали – средние значения ± ст. ошибка средней. Достоверные различия: * - p<0.05

Хотя время выполнения целостной задачи у крыс – правшей и левшей различалось, и те и другие, работая предпочитаемой для них лапой, успешно ее завершали. Результаты распределения амплитуд завершающих движений, оканчивающихся взятием пищи, у крыс-правшей и левшей представлены на рис.3,А.

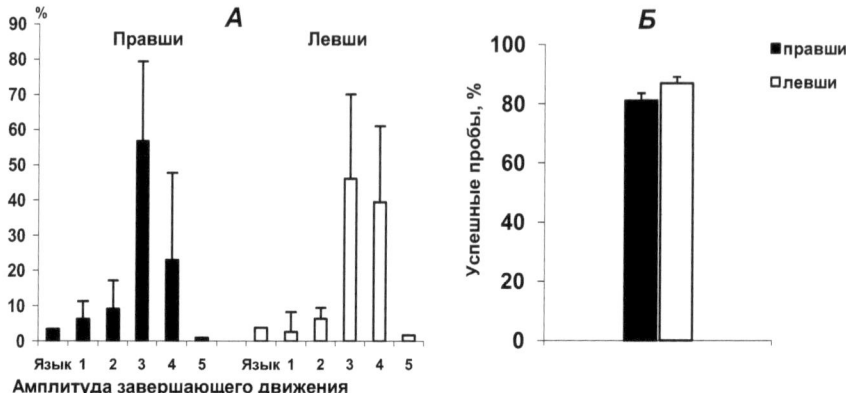

Рис. 3   Успешность выполнения пищедобывательного навыка крысами правшами и левшами. А - распределение конечных движений различных амплитуд у крыс-правшей и левшей.   По горизонтали – амплитуда движений, по вертикали – процент успешных движений разных амплитуд от общего числа конечных попыток.   Б – процент успешных проб (среднее ± ст. ошибка средней).

Видно, что в подавляющем большинстве проб и те, и другие захватывали и извлекали пищу с дальнего расстояния (амплитуда 3-4, т.е. с расстояния не менее 20мм). Заметно меньше проб заканчивалось потерей пищевого шарика, или предварительным его подгребанием к входу в кормушку с последующим извлечением коротким движением лапы (амплитуда 1-2, с расстояния 10-15мм) или языком.   Соответственно, и процент   успешно выполненных проб предпочитаемой конечностью у крыс-правшей и левшей оказался   достаточно высоким (81.07 и 87.3 % , соответственно; рис 3 Б).

Таким образом, между крысами-правшами и левшами существует различие   в   скорости   выполнения   целостной   задачи   с   использованием предпочитаемой лапы – леволапые   крысы быстрее справляются с ней,   чем праволапые.   Однако,   не   только   более   медленное   формирование латерализованного навыка у правшей, но и   более медленный   временной результат реализации ими целостного двигательного навыка, не препятствует предпочтительному выбору ими правой лапы.

Поскольку и правши и левши успешно выполняют предпочитаемой лапой конечную стадию навыка (захват и извлечение пищи), то возникает вопрос - обладает ли предпочитаемая конечность на стадии реализации упроченного манипуляционного навыка способностью более совершенного его выполнения? Иными словами, принадлежит ли полушарию, контролирующему предпочтительное использование лапы специальная роль в «умении» этой конечности? Для решения этого вопроса было проведено сравнение скорости и эффективности выполнения навыка предпочитаемой и непредпочитаемой лапами в обеих группах крыс.

После выработки стойкого двигательного предпочтения в условиях свободного выбора конечности, на запястье предпочитаемой лапы надевался легкий (4г.) браслет, который мешал просунуть предпочитаемую лапу в кормушку на глубину, необходимую для захвата и вытаскивания корма. Крысы вынуждены были использовать исходно непредпочитаемую конечность, и обучались пользоваться ею для извлечения пищи также в течение 6 экспериментальных дней. Исследование выполнено на 17 крысах-самцах линии Вистар (10 правшей и 7 левшей) в возрасте 1.5-2 мес. (масса 250-300г). Для предпочитаемой и непредпочитаемой лап у крыс правшей и левшей исследовали: успешность выполнения навыка, время выполнения целостной задачи и длительность быстрого поступательного компонента отдельных движений (фаза экстензии). Анализировались результаты, полученные в ходе последнего экспериментального дня (при упроченном навыке) каждого цикла – при свободном выборе конечности и при принудительном обучении.

Статистическую обработку полученных данных для животных разных групп проводили с помощью пакета программ Statistica-6. Сравнения средней длительности выполнения задачи разными группами крыс проводились по t-критерию Стьюдента для независимых выборок и подтверждались по непараметрическому критерию Манна-Уитни. Сравнения средних показателей по предпочитаемой и непредпочитаемой лапе у одних и тех же животных проводились по t-критерию Стьюдента для связанных выборок и критерию Вилкоксона.

Полученные результаты представлены на рис. 4. Среднее время выполнения задачи предпочитаемой левой лапой у крыс-левшей было короче, чем непредпочитаемой правой (1.94 ± 0.17 сек vs 2.86 ± 0.23 сек , p =0.03). Но оказалось, что не только у левшей, но также и у правшей это время оказалось короче при работе левой лапой (непредпочитаемой), чем предпочитаемой для них правой (2.41 ± 0.23 сек vs 3.1 ± 0.23 сек, p = 0.04). Из результатов следует, что крысы-левши справляются в целом с задачей быстрее, выполняя ее доминирующей левой лапой, чем непредпочитаемой правой, а крысы-правши, напротив, выполняя задачу предпочитаемой лапой, затрачивают больше времени, чем непредпочитаемой левой.

Очевидно, что общее время выполнения данной задачи в целом короче при использовании левой конечности (доминирующее правое полушарие), независимо от того, является ли она предпочитаемой (у левшей) или нет (у правшей при ее вынужденном использовании).

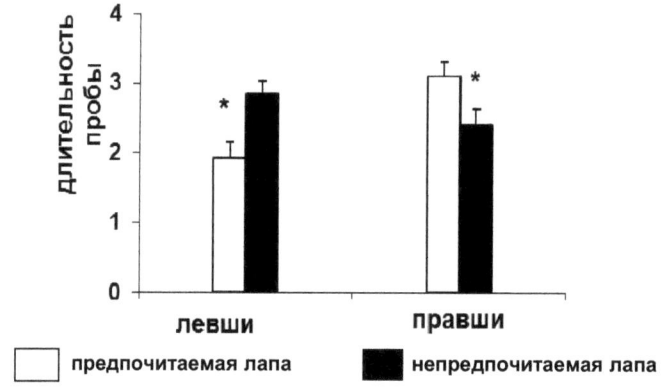

Рис. 4 Сравнение времени выполнения задачи предпочитаемой (белые столбики) и непредпочитаемой (черные столбики) лапами у крыс - левшей и правшей. Ордината – средние значения ± ст. ошибка, ∗ - p<0.05

Если более быстрое выполнение проб оказалось не связанным с предпочтением конечности, то на стадии захвата и извлечения пищи предпочитаемая лапа и у правшей (правая) и у левшей (левая) была более успешна, чем непредпочитаемая. Успешность выполнения задачи предпочитаемой и непредпочитаемой лапой оценивалась по процентному соотношению удачно выполненных проб к их общему числу. Проба считалась удачной, если был выполнен успешный захват пищи с дальнего расстояния без ее потери в ходе ретракции конечности и без последующего добора с близкого расстояния лапой или языком. Результаты показаны на рис 5. Из результатов следует, что количество удачно выполненных проб (%) преобладает при выполнении задачи предпочитаемой лапой, по сравнению с непредпочитаемой, как у левшей, так и у правшей. При работе предпочитаемой лапой успешные пробы у левшей, составляют 87.9%, а при использовании непредпочитаемой лапы 78.24% (р = 0,04), а у правшей, соответственно, 81.55 % и 73.66 % (р = 0,01).

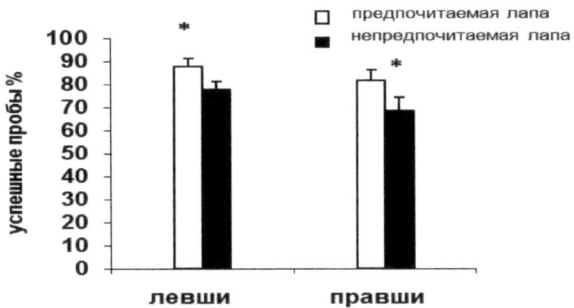

Рис 5. Сравнение успешности выполнения навыка предпочитаемой и непредпочитаемой лапами крысами правшами и левшами. Ордината - % успешно выполненных проб от общего числа, * - *p* <0.05.

Как уже неоднократно указывалось, выполнение целостной задачи, включает в себя как предварительные неуспешные движения, так и заключительное успешное и у крыс-правшей и у левшей. Остается не вполне ясно, какие именно показатели обеспечивают различную временную характеристику выполнения пищедобывательной задачи в целом. Но одним из них может служить различная скорость выполнения быстрого поступательного компонента пищедобывательного движения (экстензия). Для проверки этого предположения, была исследована длительность фазы экстензии отдельных движений предпочитаемой и непредпочитаемой лапами.

Исследование выполнено на 28 крысах-самцах линии Вистар в возрасте 1.5- 2 мес. (масса 250-300г). Схема регистрирующего устройства уже указана выше на рис. 1 А.

На рис.6 А, Б представлены примеры регистрации. Стрелками обозначены – (↑) начальный момент перекрытия лапой первого контура при выполнении данного движения и (↓) конечный момент его поступательной фазы. По этим моментам определяли время, затрачиваемое крысой на выполнение экстензии поступательного движения - как при выполнении предварительных, так и успешных движений. Измерения продолжительности фазы разгибания поступательных движений лапы в кормушку (длительность) были проведены для движений, выполненных с амплитудой 3 (на расстоянии не менее 20мм от входного отверстия кормушки

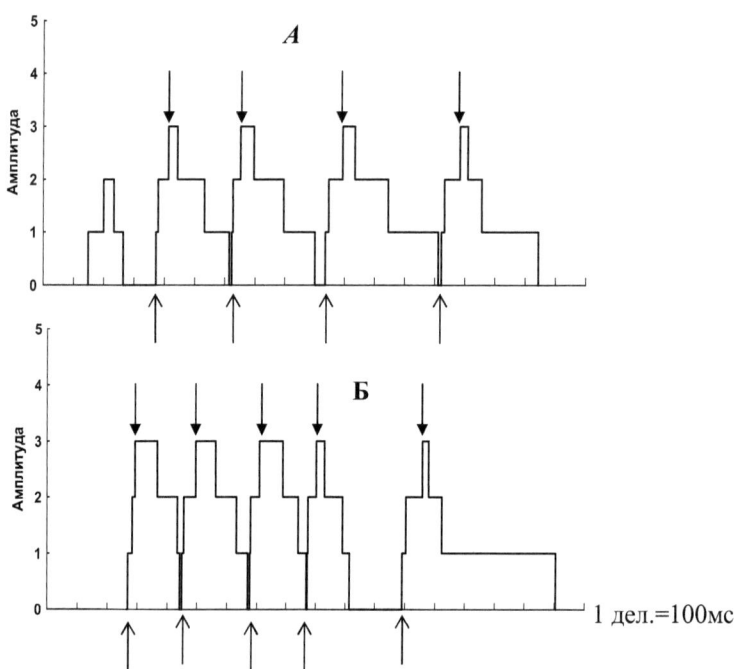

1 дел.=100мс

44

Рис. 6 – примеры регистрируемых движений. ↑↓ - время выполнения фазы разгибания лапки (экстензия). По оси абсцисс – шкала времени (цена деления 100мс). По оси ординат – амплитуда выполненного движения (пересечение соответствующего контура). Объяснение в тексте.

По данным, полученным для каждой из 60 проб, рассчитывали среднее время, затрачиваемое крысой на выполнение экстензии как предварительных, так и завершающих движений за опыт. Индивидуальные результаты усредняли раздельно для крыс-правшей и левшей.

Статистическую обработку полученных данных проводили с помощью пакета программ Statistica-6. Сравнения средней длительности выполнения исследуемого компонента движения разными группами крыс проводились по t-критерию Стьюдента для независимых выборок и подтверждались по непараметрическому критерию Манна – Уитни. Сравнения средних показателей для предварительных и успешных проб у одних и тех же животных проводились по t-критерию Стьюдента для связанных выборок и критерию Вилкоксона

Сравнение времени выполнения быстрой поступательной фазы движения, прежде всего, выявило временные различия между правшами и левшами при выполнении как предварительных безуспешных, так и завершающих успешных движений (предпочитаемая лапа). Усредненные результаты этих значений для группы правшей и левшей представлены на рис. 7.

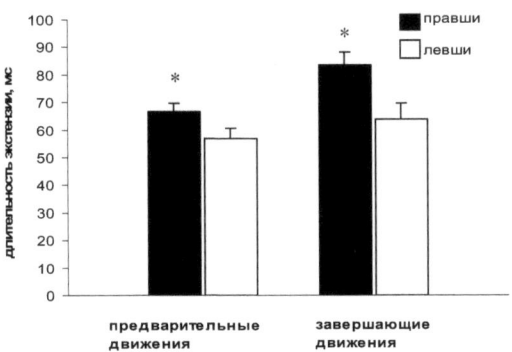

Рис. 7 Длительность фазы разгибания лапки (экстензия) у крыс-правшей и левшей. По оси ординат – средние значения ± ст. ошибка средней. * - достоверные различия, p<0.05.

Видно, что среднее время выполнения экстензии (± стандартная ошибка) для предварительных движений у правшей заметно больше, чем у левшей (66.81 ± 3.04 и 56.91 ± 3.56 мс, соответственно). Вероятность случайности различия как средних (p(t) =0.04), так и сумм рангов (p(u) =0.06) находятся на грани значимости. Еще больше разница во времени реализации быстрой поступательной фазы между крысами-правшами и левшами обнаружена при выполнении завершающего движения, заканчивающегося успешным захватом пищи. Если у правшей среднее время быстрой поступательной фазы успешного движения составляет 83.68± 4.43 мс, то у левшей это время равняется 63.85 ± 5.97 мс (p(t) =0.010), (p(u) =0.008).

Несмотря на то, что при работе левой (предпочитаемой) лапой крысы-левши демонстрируют более быстрое выполнение поступательной фазы, по сравнению с правой (предпочитаемой) лапой у правшей, сравнение поступательных фазы с их выполнением непредпочитаемыми конечностями оказалось неожиданным.

Полученные результаты показали, что у крыс-левшей, при более быстром выполнении ими целостного навыка и фазы экстензии предпочитаемой левой лапой, длительность фазы экстензии при использовании ими правой – (непредпочитаемой для них) лапой, значительно короче, чем при использовании левой. У правшей также более быстрой оказалась непредпочитаемая для них левая лапа, чем предпочитаемая правая. Причем данные сравнительные показатели относятся как к предварительным, так и завершающим успешным движениям (Рис. 8).

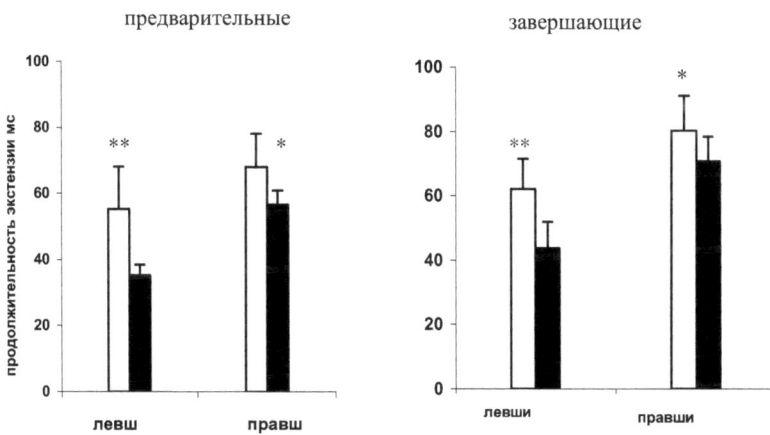

Рис. 8 Длительность фазы разгибания лапы (экстензия) отдельных пищедобывательных движений у крыс-правшей и левшей. **Ордината – средние значения (± стандартная ошибка) *- р<0.05, **- р<0.001.** белые столбики – предпочитаемая лапа, черные - непредпочитаемая

Выполнение крысами данного пищедобывательного навыка не ограничивается только контролем выполнения отдельных движений (их параметров) выбранной лапы. Для крыс возникает достаточно сложная задача при выполнении данного навыка, которая требует планирования последовательности выполнения движений, пространственной оценки нахождения цели и соотношения цели с положением конечности. Поэтому выполнение этих требований при реализации навыка, так же как и при формировании новой координации при обучении, так или иначе, связано с пространственно-временными решениями. Можно предположить, что именно пространственно-временные составляющие не только при обучении латерализованному навыку, но и при его исполнении различным образом организуются правым и левым полушариями мозга крыс. При этом вне зависимости от выбранного предпочтения, доминирующая роль принадлежит правому полушарию, если под доминированием понимать его способность к более быстрому пространственно-временному решению задачи.

Что касается доминирующей конечности как у крыс-левшей (левая лапа), так и крыс-правшей (правая лапа), то она, по сравнению с непредпочитаемой лапой, не обнаруживает преимущества, ни в быстроте выполнения целостного навыка, ни в быстроте выполнения квазибаллистического компонента отдельных поступательных движений.

Однако можно предположить, что отсутствие у предпочитаемой лапы преимущества в «быстроте», может служить положительным моментом для успешного выполнения данного навыка на его завершающем этапе. Выполнение финальной стадии требует тонкой сноровки для захвата и извлечения пищи. Надо полагать, что выбор предпочитаемой конечности, может быть обусловлен ее «умением», что подразумевает включение специфических двигательных и точностных способностей этой конечности, необходимых для успешного завершения пищедобывательного навыка. Можно предположить, что специальная роль в «умении» предпочитаемой конечности на этапе взятия и извлечения пищи принадлежит полушарию, контралатеральному к предпочитаемой лапе - левому у правшей и правому у левшей.

Имеющиеся в литературе данные о соотношении предпочтения конечности и ее «умения» получены, главным образом, на приматах и достаточно противоречивы. В работах, выполненных на людях, в основном предполагается, что предпочтение и «умение» прямо связаны между собой, т.е. предпочитаемая конечность выполняет двигательную задачу лучше, чем другая (Ettlinger,1988; Todor at al.,1985; Cho at al.,2006). Показано также, что доминирующая конечность во время быстрых «баллистических» движений не обнаруживает преимущества в точности, но при выполнении точностных задач – ее преимущество проявляется с очевидностью (Carson at al.,1992; Elliott at al.,1993). Некоторые результаты свидетельствуют, что при сравнении точности выполнения задачи, при одних условиях ее выполнения, более точной будет доминантная рука, а при других условиях – недоминантная (Wang J., Sainburg R.L.2007). В работах, выполненных на обезьянах, при регистрации латентности ответа и количества ошибок, показано, что предпочитаемая конечность при выполнении тонких движений совершает меньше ошибок и отвечает быстрее, чем непредпочитаемая. При этом сравнение правой и левой лапы показало более быстрый ответ левой, независимо от предпочтения (Rigamonti at al.,1998; Lacreuse at al.2003). Другие исследования свидетельствуют об отсутствии связи совершенства выполнения и предпочтения. Так, при наличии выраженного индивидуального предпочтения или не было замечено различий при выполнении задачи правой или левой конечностью (Andrews,1999), или обнаружено лучшее выполнение тонких движений правой (Hopkins at al.,2004; Kinoshita, 1998). Неоднозначность данных, полученных в исследованиях на приматах, может быть результатом большого разнообразия используемых задач (простых и сложных), различных условий их выполнения, и разных методов оценки. Несомненно, что при изучении такого дискуссионного вопроса, как соотношение предпочтения конечности и ее «умения», оказывается полезным использование модели двигательного пищедобывательного поведения крыс.

Из данных литературы известно, что отдельное движение, выполняемое крысами для извлечения пищи из узкой горизонтальной трубки-кормушки, является стереотипной инструментальной реакцией, состоящей из трех различных фаз: введение лапы внутрь кормушки (экстензия передней лапы и пальцев), захват пищи и флексия лапы (Йолтуховский, 1997; Bracha, Zhuravin, Bures, 1990; Dolbakyan, Hernandes-Meza, Bures ,1977; Saling, Michalik,1990; Zhuravin, Bures, 1986, 1989). При этом фаза экстензии, как принято считать, обладает чертами препрограммированного «баллистического» движения и очень трудно поддается модификации (Saling, Michalik,1990; Zhuravin, Bures, 1986, 1989). Однако нельзя оставить без внимания тот факт, что крысы, выполняя данную задачу, даже после интенсивной тренировки выполняют предпочитаемой лапой серию предваряющих движений в кормушку, прежде чем будет выполнено завершающее движение, которое заканчивается успешным взятием и извлечением пищи. При этом выполнение предварительных движений не является следствием предыдущих неудач, а представляет собой организованную пространственно – временну́ю последовательность движений, предшествующую успешному завершению задачи (Сташкевич, Куликов, 2004; Сташкевич, 2009,). Эти результаты дали основание считать, что выполнение предварительных попыток в исследуемом пищедобывательном двигательном поведении сходно с другими формами стереотипной активностями передних конечностей у крыс, носящими характер циклической последовательности (ходьба, плавание, чесание, лизание и копание), управление которыми не задается извне, а организовано на основе центральных двигательных программ. Однако, как показывают наши результаты, оптимальный успех при выполнении пищедобывательной задачи обеспечивают   конечные успешные движения, выполняемые крысами предпочитаемой лапой. Поэтому можно допустить, что движения, достигающие цели и прежде всего при их выполнении предпочитаемой лапой,   обладают другими свойствами, чем предварительные движения.

Хотя   временны́е данные отдельных фаз пищедобывательных движений у крыс исследовались различными методами и ранее (Йолтуховский, 1997; Bracha, Zhuravin, Bures, 1990; Dolbakyan, Hernandes-Meza, Bures ,1977; Saling, Michalik,1990), но сравнительный анализ временны́х показателей различных типов движений в данной модели двигательного поведения остается неизученным. Представленные выше результаты (рис.8) были специально дополнительно проанализированы для сравнения временны́х показателей быстрой поступательной фазы предварительных и успешных конечных движений, выполненных предпочитаемой лапой.

Сравнение средних показателей для предварительных и успешных попыток у одних и тех же животных осуществляли по t-критерию Стьюдента для связанных выборок. Хотя проверка по критерию Колмогорова – Смирнова не показала значимых отличий распределений времени экстензии от нормальных, для сопоставления характеристик движений у основной группы крыс (т.е. по центральной тенденции) были применены непараметрические ранговые критерии Манн-Уитни (U) и Вилкоксона (W).

Результаты этого сравнения в каждой группе животных (правшей и левшей) оказались неоднозначными и представлены на рис. 9.

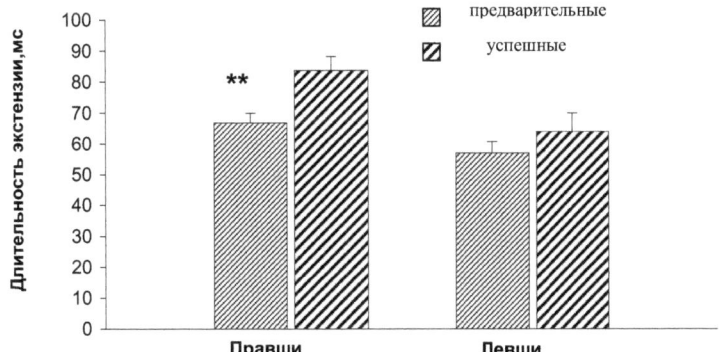

Рис. 9 Длительность фазы разгибания лапы (экстензия) предпочитаемой конечности в предварительных и завершающих движениях. По оси ординат – средние значения ± стандартная ошибка средней. ** - достоверные различия, p<0.001.

Если среднее время (± стандартная ошибка) выполнения экстензии предварительных движений у крыс-правшей составляет 66.81 ± 3.04 мс, то при выполнении успешного завершающего движения длительность экстензии значительно увеличивается, в среднем на 16.87 ± 3.8 мс (p (t) < 0.001; p(W) = 0.002). Что касается крыс-левшей, то некоторое увеличение экстензии завершающих движений по сравнению с предварительными в среднем на 6.93 ± 4.92 мс оказалось статистически незначимо (p (t) = 0.19; p(W) = 0.43).

Таким образом, хотя при выполнении предпочитаемой лапой и предварительных и успешных движений, крысы-левши по сравнению с правшами обладают способностью более быстрого выполнения поступательного компонента этих движений, но длительность этой фазы при завершающем движении по сравнению с предварительными у них изменяется незначительно. В то же время у крыс-правшей, как следует из полученных данных, после выполнения предварительных безуспешных движений, выполнение фазы быстрого поступательного компонента успешного движения заметно замедляется. Увеличение длительности (замедление) быстрой начальной фазы успешных движений у крыс - правшей указывает на то, что характер движений, направленных на захват пищи, во всяком случае, их быстрый поступательный компонент, может быть изменен после выполнения предварительных движений. Можно полагать, что это изменение способствует оптимизации точностных характеристик. Эти результаты свидетельствуют о том, что при выполнении крысами пищедобывательного навыка, манипуляторные движения, достигающие цели, могут обладать другими свойствами, чем предварительные движения, которые носят стереотипный характер и не направлены на доставание пищи. Так как у крыс-левшей, при выполнении успешного движения замедление фазы экстензии выражено слабо, можно допустить наличие у них другого механизма настройки успешного движения, который предстоит оценить в дальнейшем. Сравнительный анализ временных показателей различных типов движений в данной модели двигательного поведения может оказаться полезным для исследований, направленных на раскрытие механизмов, обеспечивающих стереотипные и манипуляторные движения.

Заключение.

Результаты, представленные в настоящей работе можно суммировать следующим образом. Не вызывает сомнения, что функциональные возможности крыс-правшей и левшей неодинаковы. Это проявляется, прежде всего, в скорости обучения новому навыку (как при выработке максимального использования одной конечности для захвата и извлечения пищи, так и при выработке новой стратегии двигательного поведения), в разной степени устойчивости к переобучению, в различии временных показателей при выполнении целостного двигательного навыка (Сташкевич 2009; Сташкевич, Плетнева, Куликов, 2001; Сташкевич, Куликов, 2008, 2009).

В этих результатах находит свое отражение функциональная специализация полушарий мозга направленная на неоднозначный характер, как формирования, так и отдельных стадий реализации (осуществления) разнонаправленного моторного предпочтения. При этом, как следует из результатов исследований, доминирующая роль принадлежит правому полушарию, которое специализируется на решении пространственно-временных составляющих данного навыка, вне зависимости от выбора предпочтения.

Так же не вызывает сомнения, что при выполнении крысами такого навыка, как добывание пищи из узкой горизонтальной кормушки, обе конечности (или оба полушария мозга) обладают основными способностями для выполнения этой задачи. Но более совершенное выполнение двигательных навыков принадлежит предпочитаемой конечности. Именно предпочитаемая лапа и у правшей и у левшей обладает преимуществом в точности выполнения финальной стадии, но демонстрирует при этом, по сравнению с непредпочитаемой, более медленное выполнение отдельных поступательных движений (Сташкевич, 2010,2013). Очевидно, что специальная роль в контроле этих параметров принадлежит полушарию, контролирующему предпочтительное использование лапы, т.е. контралатеральному к предпочитаемой лапе - левому у правшей и правому у левшей.

Доминирующая роль правого полушария при решении пространственно-временных факторов латерализованного навыка и специальная роль полушарий, контралатеральных к предпочитаемой лапе в контроле специфических двигательных и точностных параметров выполняемых движений, свидетельствуют о независимой латеральной специализации больших полушарий мозга крыс на различных этапах целостного двигательного поведения.

Несомненно, что проблемы функциональной асимметрии полушарий мозга и специализации его полушарий являются фундаментальными проблемами нейрофизиологии. Исследование этих проблем чрезвычайно важно для понимания основных механизмов деятельности мозга. В изучении функциональной асимметрии мозга и специализации его полушарий большое внимание уделяется использованию новых современных возможностей в исследованиях генетических, молекулярных, биохимических, структурных, нейрогормональных закономерностей межполушарной асимметрии. Предлагаемое в настоящей работе использование поведенческого подхода, как показали представленные результаты, также необходимо. Способность дотянуться до пищи, осуществить ее захват и донести до рта – важная стадия естественного пищедобывательного поведения, которая присутствует у большинства видов животных. Проявление функциональной асимметрии полушарий и их специализация, которые раскрываются на разных стадиях двигательного пищедобывательного поведения крыс, могут оказаться полезными как для анализа тех закономерностей, которые участвуют в процессах формирования моторной асимметрии и специализации полушарий мозга, так и для выработки стратегии дальнейшего изучения этих проблем.

Работа выполнена при поддержке Российского фонда фундаментальных исследований (проекты №№ 01-04-48381, 05-04-48610, 08-04-00948, 11-04-00132)

Библиография

Абрамов В.В., Абрамова Т.Я. Асимметрия нервной, эндокринной и иммунной систем. Новосибирск: Изд-во НГПУ, 1996. 98с.

Бернштейн Н.А. Физиология движений и активность. М.: Наука, 1990. 495с.

Бианки В.Л. Асимметрия мозга животных. Л.: Наука. 1985. 295с.

Бианки В.Л. Механизмы парного мозга. Л. 1989. 264с.

Гурфинкель В.С., Левик Ю.С. Управление движениями. М.: Наука, 1990. С. 32- 41.

Иоффе М.Е. Механизмы двигательного обучения. М.: Наука.1991.134 с.

Йолтуховский М.В. Быстрые баллистические пищедобывательные движения у крыс // Нейрофизиология. 1997. Т.29.№ 3. С. 175 – 184.

Козловская И.Б. Афферентный контроль произвольных движений. М.: Наука, 1976. 296с.

Леутин В.П., Николаева Е.И. Функциональная асимметрия мозга: мифы и действительность. Санкт-Петербург. Изд-во «Речь».2005.368 с.

Микляева Е.И., Иоффе М.Е., Куликов М.А. Предпочтение одной конечности у крыс - результат обучения в эксперименте или индивидуальная особенность? // Журн. высш. нервн. деят. 1989. Т. 38. № 5. С.881- 887.

Микляева Е.И., Куликов М.А., Иоффе М.Е. Моторная асимметрия передней конечности у крыс // Журн. высш. нерв. деят. 1988. Т.37. № 2. С.254-264.

Рябинская Е.А., Валуйская Т.С. Асимметрия направления движения как тактика пищевого поведения у крыс // Журн. высш. нерв. деят.1983. Т.33. №4. С.654-661.

Спрингер С., Дейч Г. Левый мозг, правый мозг. М.: Мир,1983. С.256

Сташкевич И.С. Формирование и организация моторного предпочтения у крыс // Руководство по функциональной межполушарной асимметрии и межполушарным отношениям. Под ред. Фокина В.Ф., Боголеповой И.Н. М.: «Научный мир». 2009. С.124-141.

Сташкевич И.С. Предпочтение конечности и асимметрия выполнения пищедобывательного навыка у крыс // Журн.Асимметрия. 2013. Т.7.№1. С.4-14.

Сташкевич И.С., Воробьева А.В. Предпочтение конечности при выполнении крысами инструментального навыка: сравнение характера предпочтения на ранних стадиях обучения и в процессе дальнейшей тренировки // Журн. высш. нервн. деят. 1997. Т.47. № 4. С.751-755

Сташкевич И.С., Куликов М.А. К вопросу о формировании латерализованного двигательного навыка у крыс // Журн. высш. нервн. деят. 2000. Т.50. № 3. С. 457-463

Сташкевич И.С., Куликов М.А. Стратегии двигательного поведения крыс при реализации пищедобывательного латерализованного навыка // Журн. высш. нерв. деят. 2004. Т.54. №3. С.390-397

Сташкевич И.С., Куликов М.А. Реорганизация бимануальных двигательных реакций при формировании латерализованного пищедобывательного навыка у крыс // Журн. высш.нервн. деят., 2006, т.56,№1, с.95-101

Сташкевич И.С., Куликов М.А. Особенности выполнения сформированного двигательного навыка крысами с разным двигательным предпочтением// Журн. высш.нервн. деят., 2008, т.58, № 5, с. 609-615.

Сташкевич И.С., Куликов М.А. Двигательное пищедобывательное поведение крыс: замедление быстрого поступательного компонента завершающих движений у крыс-правшей // Журн. высш.нервн. деят., 2010.Т. 60.№5.С. 584-589.

Сташкевич И.С., Плетнева Е.В., Куликов М.А. Различная устойчивость двигательного предпочтения у крыс к принудительному переобучению // Журн. высш. нерв. деят. 2001. Т.51. № 6. С. 683 – 689.

Удалова Г.П., Михеев В.В. Роль функциональной межполушарной асимметрии в формировании предпочтения направления движения у крыс // Журн. высш. нерв. деят.1982. Т.32. №4. С.633-641.

Фокин В.Ф., Пономарева Н.В. Динамические характеристики функциональной межполушарной асимметрии // Функциональная межполушарная асимметрия. Хрестоматия. М. 2004. С.349-368.

Andrews MW. Emergence of handedness in bonnet macaques (Macaca Radiata) on a task they were equally capable of performing with the left or right hand. // Percept Mot Skills. 1999. V.88. P.1280-1282

Biddle F.G., Coffaro C.M., Ziehr J.E., Eales B.A. Genetic variation in paw preference (handedness) in the mouse // Genome. 1993. V. 36. № 5. P. 935 – 943.

Biddle F.G., Eales B.A. The degree of lateralization of paw usage (handedness) in the mouse is defined by three major phenotypes // Behav Genet. 1996. V. 26. № 4. P. 391- 407.

Bracha V., Zhuravin I.A., Bures J. The reaching reaction in rat: a part of the digging pattern? // Behav.Brain Res. 1990. V.36. P.53-63.

Carlson J.N., Glick S.D. Cerebral lateralization as a source of interindividual differences in behavior // Experientia. 1989. V. 45. P. 788 - 798

Carson R.G., Goodman D., Elliott D. Asymmetries in the discrete and pseudocontinuous regulation of visually guided reaching. // Brain and Cognition. 1992. V.18. P. 169-191.

Cho Jinwhan, M.D., Park Kyung-Seok, M.D., Kim Manho, M.D., Park Seong-Ho, M.D. Handedness and Asymmetry of Motor Skill Learning in Right-handers.// Journal of Clinical Neurology. 2006. V.2.P.113 -117.

Collins R.L. On the inheritance of handedness: I. Laterality in inbred mice // J.of Heredity.1968. V.59.P.9-12

Collins R.L. Toward an Admissible Genetic Model for the Inheritance of the Degree and Direction of Asymmetry // Lateralization in the Nervous System / Eds.S.Harnad, R.Doty et al. N.Y.: Acad.Press, 1977. P.137.

Collins R.L.   On the inheritance of direction and degree of Asymmetry //   In : Cerebral   lateralization in nonhuman species. Ed. S.D.Glick. 1985.New York: Academy Press. P.41-45.

Collins R.L.   Re-impressed selective breeding for lateralization of handedness in mice   // Brain Res. 1991. V. 564. P. 194.

Denenberg V.H. Hemispheric laterality in animals and the effects of early experience // Behavioral and Brain Sciences. 1981. V.4. P. 1-49

Denenberg V.H., Sherman G.F., Schrott L.M., Rosen G.D., Galaburda A.M. Spatial learning, discrimination learning, paw preference and neocortical ectopias in two autoimmune strains of mice // Brain Res. 1991. V.562. P.98 –104.

Denenberg V.H., Yutzey D.A. Hemispheric laterality, behavioral asymmetry, and the effects of early experience in rats // In Cerebral Lateralization in Nonhuman Species. Ed. S.D.Glick. Academic Press, INC. NewYork. 1985. P. 109 – 133.

Dolbakyan E.N., Hernandes-Meza N., Bures J. Skilled forelimb movements and unit activity in motor cortex and caudate nucleus in rats // Neuroscience. 1977. V.2. №2. P.73–80.

Elliott D.,Roy E.A.,Goodman D.,Carson R.G.,Chua R., Maraj B.K.V. Asymmetries in the preparation and control of manual aiming movements. //Canadian J. of Experimental Psychology.1993.V.47.P.570-589.

Ettlinger G.F. Hand preference, ability and hemispheric specialization. How far are these factors related in the monkey? // Cortex. 1988. V.24. P.389 - 398.

Hopkins W.D., Russel J.L. Further evidence of a right hand advantage in motor skill by chimpanzes (Pan troglodytes). // Neuropsychologia. 2004. V.42. № 7. P.990-996.

Glick S.D., Shapiro R.M.   Functional and neurochemical mechanisms of cerebral lateralization in rats // In Cerebral Lateralization in Nonhuman Species. Ed. S.D.Glick. Academic Press, INC. NewYork. 1985. P. 157 – 183.

Grillner S., Wallen P. Central pattern generators for locomotion, with special reference to vertebrates // Ann.Rev.Neurosci. 1985. V.9. P. 233 – 261.

Kinoshita M. Do monkeys choose the more skillful hand in manual problem-solving? // Percept Mot Skills 1998. V.87.P.83-89.

Lacreuse A., Herndon J.G. Effects of estradiol and aging on fine manual performance in female rhesus monkeys. // Hormones and Behav. 2003. V.43. № 3. P. 359-366.

Levitan S., Reggia J.A. A computational model of lateralization and asymmetries in cortical maps // Neural Comput. 2000.V.12. № 9. P.2037–2062.

Martin D., Webster W.G. Paw preference shifts in the rat following forced practice // Physiology and Behavior. 1974.V.13. P. 745 – 748.

Mikljaeva E.I., Bures J. Reversal of handedness in rats is achieved more effectively by training under peripheral than under central blockade of the preferred forepaw // Neuroscience Letters. 1991. V.125. № 1. P.89 – 92.

Milisen R. The effect of training upon the handedness of the rat in an eating activity // Psyhol.Monogr. 1937. V. 49. P.234 – 243.

Peterson G.M. Mechanisms of handedness in the rat // Compar. Physiol. Monogr. 1942.V. 9. P.1-67

Peterson G.M. Transfers in handedness in the rat from forced practice // The J.of Comparative and Physiological Psychology. 1951. V.44. № 2. P.184 – 190.

Rigamonti M.M, Previde E.P., Poli M.D., Marchant L.F., McGrew W.C. Methodology of motor skill and laterality: new test of hand preference in Macaca nemestrina. // Cortex. 1998. V.34 №.5. P.693-705.

Saling M., Michalik V. Analysis of reaching in the rat by the continuous movement monitoring, utilizing the law of magnetic induction // Physiol.Bohemoslov. 1990. V.39. № 4. P.343 – 350.

Sherman G., Garbanati J., RosenG., Yutsey D.,Denenberg V. Brain and behavior asymmetries for spatial preference in rats. // Brain Res. 1980. V.192. №1. P. 61- 67.

Signore P., Nosten-Bertrand M., Chaoui M., Roubertoux P.L., Marchaland C., Perez- Dias F. An assessment of handedness in mice // Physoil.Behav.1991.V.49. P.701 – 704.

Tang A.C., Verstynen T. Early life environment modulates "handedness" in rats // Behav.Brain Research. 2002. V.131. P.1-17.

Todor J.E., Smily A. Manual asymmetries in motor control. Neuropsychological Study of Apraxia and Related Disordes. Ed.: E.A.Roy. Amsterdam: North-Holland. // 1985.P.309-316.

Tsai L.S, Maurer S. «Right-handedness» in white rats // Science. 1930. V. 72. P. 436 – 438.

Wang J., Sainburg R.L. The dominant and nondominant arms are specialized for stabilizing different features of task performance // Exp. Brain Res. 2007. V. 178(4). 565-570.

Waters N.S., Denenberg V.H. Analysis of two measures of paw preference in a large population of inbred mice // Behav.Brain Research. 1994. V.63. P.195 – 204.

Wentworth K.L. Some factors determining handedness in the white rat // Genet. Psychol. Monogr. 1942. V.26. P. 55- 117.

Zhuravin I.A., Bures J. Operant slowing of the extension phase of the reaching movement in rats // Physiol. and Behav. 1986. V.36. №4. P.611 – 617.

Zhuravin I.A., Bures J. Changes of cortical and caudatal unit activity accompanying operant slowing of the extension phase of reaching in rats // Intern. J. Neurosci. 1988. V.39. P.147 –152.

Zhuravin I.A., Bures J. Activity of cortical and caudal neurons accompanying instrumental prolongation of the extension phase of reaching in rats // Intern. J. Neurosci. 1989. V.49. № 3-4. P. 213 – 220.

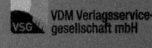

Printed by Books on Demand GmbH, Norderstedt / Germany